JN035585

病める地球最善の救世主は植物

植物を介助する人には問題が

大橋英雄

は　じ　め　に

様々な生き物が棲んでいる地球は自身と、その住人たちにとってかけがえのない、唯一の星である。この星が今、深刻な事態に陥っている。無数に棲息する住人の一つの種にすぎないヒトの爆発的な増加が様々な問題を引き起こしている。温暖化、森林破壊、各種の廃棄物・排泄物、資源の枯渇、人口の急増等々、難問が山積みである。これら難題にはヒトも苦悩している。今や、地球とその住人たちは瀕死の重態にある。

不幸なことに、ヒトはいまだに自身があみ出した生き様、拡大、生長路線を固持、信奉、盲進し続けている。このことこそが問題である。ヒトが無制限に仲間を増やし、資源を浪費して猛進し続ける限り、自身はもとより、地球とその住民たちは早晩滅亡せざるをえない。地球とその住人たちの明日が危惧されるようになって随分久しいが、この間、ヒトは無為に時を過ごしてきたと言ってよい。

難問類の解消は「待ったなし」の状況にある。こんな中、一昨年末に突如発生した新型コロナウイルスが世界を席巻し、人々を苦しめている。難問類の解消は棚上げ状態にあるが、この騒動が収まり次第、難問類の解消、地球の諸環境の改善、回復に取り組まなくてはなりません。人が成し遂げなくてはならないのは言うまでもありません。

さて、著者は植物について長年学び、植物からいろいろと教えられてきた学徒である。植物の秘めている偉大な能力を知り、その一部を具体的に垣間見たこともあった。著者は植物を知れば知るほどに、植物こそは、地球とその住人たちの永続にとって最大の救い主であるとの確信を深めた次第である。

植物と総称する生物大集団はたくましく進化し続けている。植物進化上の最初の大変化は光合成能の獲得したことである。この結果、植物は生物にとって有害な一酸化炭素を吸収し、除去するようになった。同時に、酸素を生み出して大気を清浄に整えられるようにもなった。こうした事々の結果、陸地や海の環境は穏やかに推移するように変貌を遂げた。

植物はさらに、自身が生存してゆくための糧を自前で確保するようにもなった。併せて、植物は糧を動物や微生物などに施せるようにもなった。すなわち、植物は動物や微生物を養い、そして、動物や微生物の生長や子孫繁栄などにも直接または間接的に役立つようになったのだ。以上に加えて、植物の存在、森や林の存在そのものが地球環境や気象の穏やかな推移に及ぼしているという諸効果も忘れてはいけない。

より解りやすく言えば、植物なしでは地球自身を含む誰もが生存できないのである。これこそが地球とその住人たちの本来の有り様なのだ。植物の光合成能の獲得はこれに続く、画期的な進化をもたらした。これについては本著本文をご覧ください。

著者は現役時代、特別講義、講演、セミナーなどのために、植物に対する礼賛と尊敬の思いを気の向くままに書きため、準備しておくのが常のことでした。そして、この習慣は今も続けている。本著『病める地球最善の救世主は植物　植物を介助する人には問題が』における漫筆、随筆の多くは、前編『病める地球の救世主　多彩な植物』での随筆同様、著者の植物に対する思いを書いたものが中心である。前編でも同様であったが、これら随筆を仕分け、編集したのが本著である。なお、本編の随筆は基本的には書いた時のままで、本編のために訂正する、書き加えるなどを行わないままに収録している。

次に、本著における随筆の有り様、構成、編纂などについて説明しておきたい。そもそも随筆とは、見聞、経験、感想などを気の向くままに書いたもので、一話決着型の書き物である。また、どの随筆も他の随筆とつながりに欠け、独立しているのが本来の有り様である。さらに、本著の随筆は限られた分野の、限られた著者の知識を元に書いたものであるので、ある随筆の内容が他の随筆の内容と部分的に重複するのはやむを得ないことだと考えている。皆さんにはこの点をご斟酌願います。

次に、随筆ごとに著者が書き添えている寸評についてである。前編では寸評とわざわざ表記しないで寸評を書き添えていたが、本著では明解に記した。寸評によって随筆間を繋ぎ、一冊の本として成り立たせるように努めた。したがって、寸評の内容は、該当随筆の補足や関連事項であったり、次に登場する随筆の予告や紹介であったり、地球とその住人たちに降りかかっている難題の改善・修復に関わる思いであったりと、臨機応変に対応している。この点についても、皆さんにはご斟酌願います。

そして、随筆の構成、編纂についてである。第一章では地球とその住人たちが現在直面している主な難題に関する随筆を集めて披露、解説している。第二章では植物をより一層理解して頂くべく、植物に関する話題を紹介した随筆を集めて披露している。第三章では植物と人の関係に関する事例を書いた随筆を集めて紹介している。そして、結びの第四章では植物の助けを得て、病める地球の諸環境の修復事業を始めるに当たり、前もって考えておくべき問題点に関する随筆を集めて紹介、考察している。なお、本編中の随筆の一部が前編でのそれと内容が重複している。これは本編だけでも、植物のすばらしさをご理解頂こうと、著者が願うための処置であり、本編にもあえて盛り込んでいる。

最後に、繰り返しになるが、皆様が本編によって植物に対する理解を深められ、植物を大好きになっていただければ何よりである。加えて、病める地球の環境修復問題についてもよりよき理解者、支援者となって頂くよう祈念する。

2021 年　如月

大橋　英雄

目次

第１章

地球とその住人たちが直面している心配事

○　温暖化とその心配事

・温室効果ガスと地球の気温

地球は“大気”という言葉で総体できる混合ガスで包まれた惑星である。対する太陽は核融合炉そのものと言ってよい自ら光を発する星、恒星である。太陽は核融合反応によって常に明るく発光しており、生み出される巨大なエネルギーを周辺空間に放散している。当然、その一部は地球にも届いており、いろいろと影響を及ぼしている。

地球本来の活動であるが、太陽から地球に降りそそがれている太陽エネルギーのうち、約 30%は大気の層によって反射、すなわち跳ね返えされて宇宙空間へ戻っていっている。残りの 70%は地球表面に届き、地表や海洋などが吸収される。これを受けて、地表は赤外線を大気に向けて放出する。赤外線の多くは宇宙空間へ放散されるが、一部は大気中に残り、大気中に共存する水蒸気や二酸化炭素などに吸収される。このために地球の大気、地表、海洋は暖められる。これこそが本来の“温室効果”現象である。

地球は本来の温室効果によって、その表面が平均 14℃に暖められ、快適な環境を具現している。もしも、この温室効果が機能しないと、地球表面の平均温度は約-19℃にまで下がり、生物にとっては過酷な状況と化してしまう。なお、水蒸気や二酸化炭素のように赤外線を吸収して大気を暖める働きをする気体を“温室効果ガス”と呼ぶ。なお、温室効果ガスには他にも、メタン、一酸化二窒素、ハロカーボン類などがある。

温室効果ガスの多くは地球本来の活動で生み出され、温室効果現象を引き起こし、大気、地表そして海洋をも暖めている。この現象の規模は長い間変わらなかった。しかし、人は産業革命を起こして以降、わずか数百年の間に科学・技術が驚くべき進歩を遂げ、経済活動も急拡大させた。これら両方の成果が可能にした人口の爆発的増加がアクセルとなって温室効果ガスの大気への放出量は激増し続け、温暖化問題を惹起するまでに至った。

今日の温室効果現象の主な原因物質は二酸化炭素、ハロカーボン類（フロンが代表するハロゲン系ガス）、そしてメタンである。二酸化炭素の激増は地球本来の温室効果現象を凌ぎ、人為的な温暖化による問題を際だたせるようになった。また、ハロカーボン類も大気の外層を形成しているオゾン層に影響を及ぼしている。南極と北極のオゾン層を集中的に壊し、オゾンホールを出現させた。その結果、太陽が送り込んでくる紫外線を跳ね返せなくした。生物にとって有害なオゾンは光化学スモッグの原因となるだけでなく、温室効果ガスとしての顔ももっているので、温暖化問題をより複雑にしている。二酸化炭素やフロンなどの温室効果ガスの急増は“人が張本人である”と改めて特記しておく。

そしてメタンである。メタンの放出源は、湿地や水田において有機物の微生物による分解、家畜類の腸内発酵、天然ガスの構成成分、有機物の不完全燃焼成分などであったりする。大気中での濃度は二酸化炭素の 200 分の 1 程度であるが、単位重量当たりの温室効果への影響は二酸化炭素の 21 倍もある。また、温暖化が進行してシベリアの永久糖度が溶け出すと、氷によって内包されていたメタンが多量に放出される。そして温室効果を一気に進めると予想され、心配なことである。

これら成分の急増は地球本来の処理能力を超えてしまい、大気、地表、そして海洋を暖め続けている。よって、地球とその住人たちの明日を暗くしている。なお、人が大気中に激増させている温室効果ガスによる温室効果を“人為的温室効果”と呼んで区別すべきだと著者は常々考えている。

・二酸化炭素収支でみる温室効果現象の破綻

人為的温暖化の主犯である二酸化炭素について今少し考えてみる。地球ではかって、山火事、海と大気を行き来する、そして地球に生息する生物が呼吸活動が生み出す二酸化炭素が温室効果ガスの過半を占めていた。大気中の二酸化炭素濃度は産業革命が始まるまでの長い間、180～280ppm 程度で推移していた。これが産業革命以降急増し続け、2016 年、米国ハワイ州、ハワイ島での測定では 400ppm を記録した。特に、最近の増加ピッチの速さは問題である。

大気中への二酸化炭素濃度の激増は、石炭、石油、天然ガスなど、化石燃料の大量使用が原因である。化石燃料から排出される二酸化炭素の年間量は 1990 年代では、炭素量に換算して 64 億トンであった。続く 2000～2005 年には、年間 72 億トンに増えた。森林火災、セメント生産なども二酸化炭素放出量を増しているが、化石燃料による排出量が今や、全排出量の３分の２余を占めるに至っている。二酸化炭素排出量の急増であるが、先進国による部分も大きいが、躍進めざましい開発途上国による部分も無視できなくなってきた。

ここで、72 億トンもの炭素量（二酸化炭素量に換算すると、264 億余トン）を話の対象としたい。72 億トンの行方についてである。IPCC 第４次評価報告書における数値をもとに考えてみる。大気中に排出される二酸化炭素は陸上では植物によって吸収、固定されている。その年平均量は2000～2005年時点で、炭素に換算して９億トンであった。なお、1990年代の同量は約10億トンであった。わずかな間での増加分のほとんどは最近の森林消失によると考えられ、その大きさに改めて驚かされてしまう。

海洋では海水自身と、サンゴに代表される生物類が二酸化炭素を吸収、固定している。その合計量は22億トンになり、陸上の植物などによる炭素固定量の２倍以上である。以上から、陸と海はかって年間31億トンの炭素を固定していた。それが今や、年当たり41億トンもの炭素が固定されないで大気中に残るようになり、地表と海洋を温め続けている。

増え続けている二酸化炭素の一部は、海洋にこれまで以上に溶け込むようになる。このこと自体には問題はないが、この量が増えるにつれて海水の酸性化が進むのである。どんどん増えると、海の生物に変化、変調をもたらす。まず、繊細なサンゴが死滅する。貝類も殻の表面が溶けてのっぺりとした貝に変わるが、その先では死滅する。

地球の炭素循環はとっくの昔に破綻していた。昨今では、膨大な炭素が大気中に蓄積され、大気、地表、海洋を暖め続けている。最近では、温室効果ガスは二酸化炭素やメタンだけでなく、温暖化による気温上昇によって大気中に気化、放散された水蒸気までもが加わるようになった。これらの大気への放出量は増え続けており、最早、座視できない水準に達している。地球とその住人たちの危機に結びつく緊急事態である。

・人為的温暖化の今日と明日

地球本来の温室効果現象が円滑に機能しなくなって、すでに久しい。世界各地で人為的温暖化が原因である、様々な災害が頻発している。こうした禍（わざわい）の今日と明日についても述べておこう。例えば、平均気温の変動である。地上の平均気温が上がり続けているのは衆目周知のことであるが、20 世紀末の平均気温の上昇予測値は 1.4～5.8℃だと言われる。この気温上昇は世界中、一律であるのではなく、地理的傾向、すなわち偏りがあるのだ。

例えば、北半球の高緯度地域の平均気温が最も上がり、それは世界平均の２倍余になる。この場合、北極海の氷や、シベリアなどの凍土が溶け出すことになる。加えて、凍土の融解は温室効果ガスの一つであるメタンの多量放出をも伴っている。これも大問題である。

気温が１℃上がるだけで、大気が保有できる水蒸気量が約７％増すという。大気が取り込む水蒸気量はどこであっても増えるので、大雨の降る頻度が高まる。同時に、短時間の降雨があったり、長時間の降雨があったりもする。大雨は洪水や土砂崩れの危険性も増やす。これらのように気温の上昇は降雨パターンを変えるので、世界各地で極端な高温や降雨といった異常気象が頻発するようになる。

植物を学んでいる著者がまっ先に気にするのは、温度上昇が植物へ及ぼす影響である。5.8℃も気温が上がれば、一カ所に根付いて生きている植物には一大事である。植物は絶望的な死、そして種の絶滅へと進む。また、気温の上昇につれて海水温度も上がる。これも一大事である。海洋における二酸化炭素吸収の主役、サンゴがまっ先に死滅するのだ。

降水量の変化に話題を移そう。降水量変化も平均気温と同様、地理的な傾向差がある。赤道や北半球高緯度域では降水量が著しく増える。一方、ほとんどの亜熱帯域では降水量が減る。しかも、この現象は温暖化の進行程度によって増減があるという。

加えて、高温では土壌から水分が蒸発し易くなる。降水量の減った地域では乾燥が一段と進み、干魃（かんばつ）におちいる。すると、作物は作付けできなくなり、収穫は望めない。同時に、こうした所では井戸水や用水路も枯れてしまい、人も暮らせなくなる。

乾燥の繰り返し、干魃、そして砂漠化は地中海に面したアフリカ大陸側で起こり、南に向けて拡大してゆくという。対するヨーロッパ大陸であるが、その南側では高温化が問題となる。事実、この異常の前触れでしょうか、昨今、スペイン、フランスでは 40℃を越える、夏の異常高温がみられ、これが恒常化しつつある。対するヨーロッパ北部では逆に、降雨が増え、洪水や土砂崩れが多発する。同じことはアジア、南北アメリカなどでも始まっている。地球上に異常や異変と無縁の地はありません。

海面水位の上昇についても話しておく。海面上昇予測値を示すと、26〜59cm だという。海洋の水位上昇はまっ先に南海の島嶼諸国で始まる。これらでは国家存亡の危機となる。話は島嶼諸国だけに留まりません。海に面している国々はいずれも緊急事態に直面する。空港、港湾、海周辺の工場施設などに深刻な事態が訪れる。施設の放棄や移転などが始まることであろう。こちらの影響は数と規模が大きいので、深刻かつ大変である。

飲料水不足など、他にもいろいろな温暖化による問題、森林を始めとする自然に及ぼす問題なども紹介したいが、ここでは頁数の都合もあり、地球とその住人たちの温暖化下での明日について指摘をして結びとしたい。

高温化、熱波、干魃は生物の日々の暮らしにも深刻な問題をもたらす。本稿冒頭でも述べたが、自然災害は移動、逃散できない植物には致命的な事態である。対する動物は一見、何でもないようであるが、実際は違うのである。行動範囲の狭い動物は植物同様に影響を受ける。災害発生現場から脱出できないからである。また、行動範囲の広い動物であっても、脱出先が限られてくる。たとえ脱出できたとしても、そこには余所から来た生物もいるので、餌や餌場を巡って争わなくてはなりません。いずれは衰退し、絶滅を迎えることになるだろう。

温暖化発生の張本人についても述べておく。人口は少し前に75億を数え、今や77億、そして近々80億である。これだけの人が食べてゆくだけでも大変である。まっ先に、食糧の確保問題が想起される。近年、進展著しい遺伝子工学や生物工学における成功実績をもってしても、80億という人の口を満たすことは容易なことではありません。この一方で、人の世界には15もったいない”食の現状がある(“もったいない”食の現状参照)。飢餓状態にある人々を満足させるに十分な量の食物が毎年、捨てられているのだ。これは皮肉な事実であり、珍妙な現実である。人のなすことは矛盾に充ち満ちている。

【著者の寸評】　人為的な温暖化がもたらす諸問題の予兆や本番が世界各地で始まっているにもかかわらず、人の世界を見回すと、唖然とすることばかりだ。悲しく、恥ずかしいことがまかり通っている。例えば、いまだに温暖化に異を唱える政治家がおり、国や地方自治体をリードしている。彼らは賢明な先人政治家たちが営々と積み上げた環境関連の条約、協定などを破棄するなど、後ろ向きである。

昨今、政界は人材が限られているのか、政治は後退している。暗愚な皇帝や王が仕切っていた時代のようである。地球とその住人たちの危難に対し、政治家が率先して対処しなくてはならないが、現状はどうであろうか？　政界には地盤や看板などを確保した、二世、三世、さらには四世などの世襲政治家が溢れていて、真に優れた人材がはじきだされている。こうした現状にしたのは、頼りない政治家を毎回選出している国民である。老骨は各国国民の賢い投票行動に期待している。憂うしかない事態はどうしても避けたいのである。

【参考資料】・寺門和夫(2008)、『図解雑学　地球温暖化のしくみ』、1～頁、ナツメ社。

○　森林破壊とその心配事

・森林とその本来の意義

平成天皇の譲位があり、年号が令和と変わった今年（2019 年）、アメリカ、カナダ、ブラジル、オーストラリアなどの山火事のニュースが新聞、テレビでよく取り上げられた。皆さんもこのようなニュースをよく目や耳にされたことでしょう。

著者は一去年、2017 年の夏、カナダ国のロッキー山脈を家内とともに、30 年ぶりに巡る機会を得た。この年のカナダでも、カナディアンロッキー山脈のいたるところで山火事が発生していた。多くの谷には煙が低く垂れ込み、空はどんよりと曇っていた。小生の記憶、30 年前の青い空の中にそそり立つ山々といった景色とは大違いであった。本稿をまとめながら、改めて思い出している。また、谷間の氷河も 30 年の間に一段とやせ細り、大きく後退していた。これも著者にとっては衝撃であった。

カナダ、アメリカなどでみられる昨今の山火事であるが、詳しい説明は省くが、温暖化による気温上昇と、それに伴う山地の乾燥が原因だという。また、山火事の発生件数も増えているという。アメリカ、カナダなどではこれまで、森林火災は自然本来の活動の一端としてとらえており、自然鎮火を待つのを原則だとする処方を採ってきた。人による消火活動適用を自重してきたが、この方針は全面的に変えるべきだと著者は考える。

いま、世界では、天災だと言ってよい、落雷による森や林の火災に加え、人災である森、林、草地などへの、山焼きなどと称する付け火、加えて、森、林、耕地などの重機による破壊が多発している。森林に代表される、緑溢れる山野が自然発火、放火、人手によって今、この時間にも減り続けている。これは地球とその住人たちにとって容易ならざる大事である。繰り返すが、地球のいたるところで毎日、森林が消されている。前置きが長くなったが、以下では、森林の破壊にしぼって話を進める。

森や林の主役である植物は二酸化炭素を日々吸収し、生長している。すなわち、樹木などの植物は二酸化炭素を固定し、無毒化している。そして、植物自身は肥り、同時に、光合成活動によって多くの生物が生きてゆく上で必須の糖質を始め、酸素を生成している。二酸化炭素の吸収と酸素の生成によって大気は整えられ、地球環境を安穏なものにしている。言い落としかけたが、水も生成している。このように植物はかけがえのない存在である。

ちなみに、森林の破壊や放火で昨今、何かと注目されているブラジル、アマゾン河流域の熱帯林は、地球大気中の酸素量の約 1/5、20%を維持するのに永年、貢献してきた。このことから、アマゾンの熱帯林を“地球の肺”と呼ぶが、うなずける話である。しかし、今や、地球の肺はかっての話となった。アマゾンの森林が減り続けるということばまっ先に、二酸化炭素の固定と酸素の産生能が低下し続けることであり、地球とその住人たちがますます困ることである。熱帯林の維持と永続は地球環境の安寧の原点である。

・森林、植物本来の役目と可能性

森や林は本来、地球表面を包み、水分の蒸散を防ぐ役目を果たしている。森や林の植物が地表を乾燥から保護しているのだ。森や林では地表面を構成している土や石が雨水や積雪によって流出、流亡するのを防いでいる。さらには、森や林は動物や微生物を育み、育てる、すなわち、生態系を保全する役目も担っている。森や林は当然のこと、人も育んできた。

森や林には他にも、次に話すような能力も知られている。森や林は太陽から届く熱の 60～70%を受け止め、吸収している。また、森や林の植物は水蒸気を放出しているが、この時に発せられる気化熱によって大気温の上昇を抑えている。加えて、森や林は熱反射能力を発現して、地表面が吸収する日射量を増やしたり、赤外線を放射する量を抑え込んでいる。

さて、植物である。この生物にはいろいろな種類があり、それぞれは地球とその住人たちにとってかけがえのない存在である。例えば、一つの植物種が絶滅すると、この生態学的影響は他の生物に連鎖的に波及する。最終的に、20～40 種の生き物が消滅すると指摘する研究者もいるのだ。植物に代表される生物はいずれも、単独で生きているのではなく、互に関わりあっており、多様な生態系を形づくっているのである。

植物が種、仲間が増えるように進化できたのは、砂漠からツンドラにいたる幅広い環境に適応できるという本来の性質に起因している。地球上の何処に、どのような植物が在り、それぞれは如何に育ち、繁栄しているのかなど、これら問いかけの答えを知ることは作物の栽培や林木の撫育のために必要であり、必須のことである。

・植物の生産量いろいろ

“フィトマス”なる用語がある。フィトマスとは“乾燥した植物体の重量”を表す専門用語であり、通常、1 ha 当たりのトン数として表わされる。日本語では“植物生産量”と訳されている。なお、生の植物体の重量はフィトマスの３～４倍重くなる。同様に、動物体の生産重量を示す場合“ズーマス”(“動物生産量”)と言う。両者を併せた生産重量が、皆さんもよくご存知の、“バイオマス”(“生物生産量”)である。

陸上におけるフィトマスのほとんどは森や林に局在しており、その量は約１兆トンである。注目すべきは、このうちの 2/3、すなわち、約 7,000 億トンが陸地面積のわずか８％弱を占めるにすぎない熱帯林に偏在していることである。ついでに、人が耕している耕作地面積は今日では熱帯林の面積よりも広くなっているが、ここから得られる収穫物量、フィトマスは70億トン弱であって、全陸地のフィトマスの0.5%にすぎないのである。人が行っていることは自然のそれに比べると、100分の1弱となり、実にささやかなものである。

生態系ごとに植物生育上の潜在的可能性を評価するためにフィトマスが比べられている。そこで、毎年、新しく生産される植物の産出量を比べてみることにする。これにおいても1,000億トンを優に越える陸生植物の年間産出量の約半量は森林におけるものである。この事実は植物が最も生長し易く、植物が育つ所は森林であると教えてくれている。

植物が一年中、生育、生長できる熱帯林では、毎年1ha当り、90トンの植物体量を産み出している。この値は温帯林におけるそれの約2倍である。なお、人手の入っていない熱帯林では有機物が分解される量も速く、かつ多いので、真の年間純増加量はこの値よりも少なめに見積もるべきだと指摘する研究者もいる。何はともあれ、熱帯林は植物にとってすばらしい生長力を秘めた場であり、こここそは地球とその住人たちの拠り所である。したがって、熱帯林を安易に破壊することは愚行以外の何ものでもないと、人は肝に銘じておかねばなりません。ついでに、温帯で毎年、産出されるフィトマスは寒帯のそれの約2倍になるという。

人が集約的に農業活動をすると、毎年150億トン（原材量の2倍余）のフィトマスを生産できる。すなわち、炭素を固定できるのだ。この量は地球全体のフィトマスの約11%になる。なお、この数値は工夫次第でまだ高められると考えられている。いずれにしても、森や林は高い炭素固定能を有しているので、地球とその住人たちにとってかけがえのない場である。

・森林破壊が引き起こす影響、被害

熱帯地域の森林の中を流れている河川流域で、多種多様な植物からなる森林という被覆物（被い）が失われると、影響は予想以上に広い範囲に及ぶことを指摘しておく。森林を失うことは森林の保有しているもろもろの機能・特質を失うことでもある。この話ではまず、森林が雨水などを抱え込む効果、“スポンジ効果”を失うことに注目してみる。

森林がスポンジ効果を失うと、雨水の流れは不規則になる。スポンジ効果消失の影響をまっ先に受けるのは流域を生活の場としている農民たちである。スポンジ効果がひとたび失われると、灌漑用水の恩恵を享受できなくなる。さらに、この影響は河川流域だけに留まらず、遠く離れた都市部にも波及してゆく。森林が破壊されると、森林の保水機能に影響が及び、都市への水供給が危うくなる。すると、水自体の汚染や伝染病の発生頻度にも影響が出たり、水力発電所の発電量にも影響が広がるのだ。

熱帯林消失は世界の気象にも深刻な影響を及ぼす。例えば、ブラジルのアマゾンの生態系を循環している水の半量以上が森林植物によって保持、保留されている。この降雨は森林では大気や河川に放出される前に、植物によって吸収されている。樹木を広汎に切り倒せば、残りの森林を如何に保護しても、以前ほどの水分の保持、貯留は期待できない。すると、この地域、ひいてはブラジル全体の耕作地や牧草地を乾燥させることになる。

また、熱帯林には太陽光線を吸収する能力もあるので、世界の安定な気象維持に大きな影響を及ぼす。簡単に言えば、森林は太陽光線を吸収するが、森林がないと、地表面の光度が増え、太陽エネルギーをより一層、宇宙空間に向けて反射するようになる（“アルベルト効果”と呼ぶ）。この反射率の上昇は、熱帯から遠く離れた所の大気の対流や風の流れ、ひいては降雨にまで影響を及ぼしている。

熱帯林の縮小は目下のところ、地球大気の酸素の均衡を大きく損ねるまでには至っていませんが、二酸化炭素の均衡には大きく影響している。酸素濃度は長い時をかけて地球大気の 20%を占めるまでに増加した。一方、二酸化炭素は大気の約 0.04%の水準にある。両者は目下のところ、比較スケールが大きく違うので、直接比較されてはいません。

焼き畑や山火事などで森林が失われると、さまざまに放出された大量の二酸化炭素が大気中に貯まってゆく。二酸化炭素の増加は温室効果現象を助長、促進している。温室効果はこの問題特有のさまざまな二次的な弊害を発生している。例えば、アメリカの穀倉地帯に乾燥をもたらすとの予測もある。世界の穀倉地帯における乾燥災害は人の命の維持に直結する大事態でもある。

著者は最近、おかしな夢をみた。その内容は次のようであった。アメリカの穀倉地帯で大規模な干魃が発生したのだ。京都議定書から脱退した国の大統領と、目先のことしか考えないで大統領を選んだ選挙民の経済基盤が損なわれて苦しみ、悩んでいたのだ。筆者は夢から覚めた後、愚かだと言わざるをえない選挙民の目を覚ます最善のお灸こそが干魃襲来ではないかと思ったのだ。出来るだけ早い時期にアメリカにこんな経験をしてもらうのも、地球とその住人たちのためによいことだと著者は考えたのであるのだが……。これは不謹慎、不遜ですね。

【著者の寸評】　熱帯林が地球環境の維持上、如何に大切な存在であるかが、皆さん方にもお解りいただけたことでありましょう。地球の安寧を考える時、最も生産性の高い熱帯林を減らすのは以ての外のことである。この行為を即刻止めること、破壊した熱帯林を復元、再生することこそが何よりも必要である。さらに、ブラジル、インドネシア、ナイジェリアなど、熱帯林を抱えている国々に対し、それ以外の国々は防衛費を削減するなどして、“熱帯林を維持、管理してくれるように”と、援助や支援を大々的に行うべきだとまで、著者は考えている。

【参考資料】・木平勇吉ら編（2007）、『森林と木材を活かす事典・地球環境と経済の両立の為の情報集大成』、（株）産調出版。

○　廃棄物、排泄物などの現状と問題点

・地球環境を損なう廃棄物

地球とその住人たちが直面している温暖化や森林破壊と並ぶ、深刻な心配事が他にも多々ある。その一つは地球環境に対して巨大な負荷となってきた、様々な廃棄物・汚物（排泄物）が惹起（じゃっき）している心配事である。廃棄物や汚物は今や、いたる所に遺棄され、様々な問題を起こしている。これも人の目覚ましい活動が生み出している産物であるのだ。こうした心配事の一部は昔も存在したが、それらは地球という器の中で始末可能な規模であった。しかし、人は産業革命以降の産業、経済の発展により、廃棄物は種類と、各々の量を増やし続けている。そして、これらは地球環境に大きな重荷となってのしかかってきたのである。

一般的な話をする前に、放射性廃棄物、いわゆる核のごみの話をしておく。東京電力の福島原子力発電所は東北大地震によって大破した。その後、同発電所は自己爆発（水素爆発）を引き起こした。この結果、原子炉中の放射性物質（燃料棒）は言うに及ばず、放射能を帯びた原子炉、その収納庫である建家などが破壊し、膨大な量の放射性汚染廃棄物が生みだされた。特に、燃料棒が溶融したデブリと呼ぶ溶融沈殿物が原子炉の底に溜まったのは問題である。これらは極めて長い間放射線と熱を発し続けるので、冷却し続けねばならない。

これら放射性汚染物は人を始めとする生物に対し、長期に渡って深刻な影響を及ぼし続ける。例えば、プルトニウム 239 やその化学反応生成物の半減期は約２万４千年であり、ウラニウム 238 やその化学反応生成物の半減期は約 45 億年である。いずれにしても、この汚染物の後始末には長い時間と巨額の費用がかかることだけは確かである。

原子炉は元来、こうした危険物を燃料としている装置である。しかも、原子炉は核汚染物を絶えず生み出しているが、これらを始末する日本自前の処理施設は今もって未完成のままである。また、廃炉にする際の解体方法も未確立のままである。多くの問題が未解決のままで、見切り発車的に稼働させてきた代物が原子力発電所の原子炉である。原子炉は厳密に考えれば金食い虫であり、誠に罪深い代物である。正常に稼働していても、核のゴミのもたらす問題がいろいろとあり、未解決のままに捨ておかれている。なのに、東京電力はこれを取り扱い困難な難物にしてしまったのだ。何をか言わんやである。人とは賢いと素直に言い難い、珍妙な存在である。

・いろいろな廃棄物・汚染物と、それぞれの問題点

さて、本稿で注目したいろいろな廃棄物の問題を順をおって話していこう。廃棄物は多種多様であり、これらの処理は個々別々である。しかも、どの問題も複雑であり、面倒でもある。以下で注目する廃棄物は五大別できる。SOx、NOx、MOx、ケミカルズ、そしてその他である。

最初はSOxとNOxである。本稿ではSOxと略記して硫黄酸化物系の廃棄物として話を進めてゆく。同様に、略記号NOxは窒素酸化物系の廃棄物である。SOxとNOxは硫酸や硝酸に関わる廃棄物である。そして、これらの中には反応性に富むものもあって、厄介である。これらが大気中へ飛散すると、雨滴へ溶け込んで酸性雨や酸性霧を発生することになる。また、NOxは炭化水素と相まって酸化力の強い物質に変じて光化学スモッグを生じる。SOxやNOxは地球自身やその住人に対して深刻なダメージを引き起こすのである。

略記号MOxは上記同様に、金属および同酸化物系の廃棄物を総称する。MOxには本稿冒頭で述べたウラン、プルトニウム及びこれらの酸化物も含むが、放射性廃棄物は通常、別扱いしている。MOxは比重

４、時には５を境とし、軽い金属類（アルカリ金属類、アルカリ土金属類、ベリリウム、マグネシウム、アルミニウムなど）と、重い金属類（鉄、マンガン、クロム、銅、鉛など）に分けて対処する。これら金属とその酸化物は取り扱いや処分に手間と暇のかかる代物である。これらは量が多ければ当然、環境を大きく損なう。

続いては、ケミカルズ、すなわち化学物質系廃棄物である。これらも当然、人が造りだした廃棄物である。これらの中で、特に、深刻な問題になるのは環境ホルモン、抗生物質、そして一部の農薬である。これらはそれぞれがごく微量であっても自然に対して強いダメージを与えるので、慎重に取り扱わなくてはなりません。

例えば、抗生物質であるが、この抗生物質の使用自体に問題があるのだ。抗生物質は日本でも広く使われている。この使途と使い方に注目してみる。抗生物質は人に対する医薬・医療品としての使用量を１とすると、この 3.3 倍余りが他分野で使われている。大量使用先は畜産業、漁業、農業の分野である。家畜や魚などを養育、養殖する途中で頓死させたり、生長不良にしないで出荷に漕ぎ着けるために抗生物質が常用されている。他にも、果物が店頭でカビなどによる斑点を生じさせないために抗生物質が塗布または散布されてもいる。

医療・医薬品としての抗生物質使用の場では、医師や獣医師などの管理下で厳正に取り扱われている。一方、畜産業、農業、漁業などでの安易でずさんな取り扱いが問題である。こちらでの使用は事実上、野放し、垂れ流しの状態であり、粗雑に取り扱われていると言ってよい。抗生物質が山野に漏れだし、微生物を中心とする生態系を破壊しているのがより大きな問題なのである。このために、抗生物質に対する耐性菌の出現を助長してもいるのだ。こうした事態は地球の住人たちにも大きな負荷であり、問題である。なお、同様のことはダイオキシン、ベンゾピレン、ビスフェノール、スチレンなどの環境ホルモンでも類似の問題を引き起こしている。

以上の他にも、化学系廃棄物には低分子系の有機化合物や、プラスチックと総称する高分子系の有機化合物もある。これらもそれぞれに相応しい取り扱いをして始末しなければならない。例えば、最近話題になっているプラスチックによる海洋汚染は座視できなくなっている。プラスチックはたんに海を汚しているだけでなく、海の生物に深刻な危害を引き起こしているのだ。例えば、海の大型生物がプラスチック製品を直接飲み込む、波濤などで砕かれたプラスチック細片を小魚が飲み込む、この小魚を大きな魚や動物が飲み込むなどが引き起している危害である。プラスチック危害は海洋生物全体に及び、その影響は座視できなくなった。

他にも、建築・建設廃棄物（石綿を含む）、遺失物などの廃棄物もある。特に、コンクリート、レンガ、ブロックや、これらの断片などは環境に対する負荷が大きい。加えて、石綿であるが、これが人の健康にとって悪いと日本で大きな社会問題となって随分久しい。しかし、日本だけでなく、世界各国で石綿問題はまだ終息したと言えない状況にある。

・排泄物問題

最後は排泄物・汚物が引き起こしている問題である。排泄物とは動物による糞や尿、すなわち、汚物のことである。また、これらに動物の遺体も加わって問題を引き起こしている。野生動物による類似の問題は生物発生以来、極く最近まで存在していたが、自然が上手に始末してくれていた。野生動物は棲息頭数が少なかったので、問題にならなかったのである。

ところが今日、排泄物は大きな問題と化している。止むことのない人口増加に伴って膨大な数の動物類が人によって飼育されるようになった。これらが日々生み出している排泄物が無視できなくなったのだ。飼育動物の種類と数は今も激増中である。自然の分解、浄化能力をはるかに超える規模にいたって随分と久しい。田畑の富栄養化だけならまだしも、河川そして海洋の富栄養化は深刻な問題なのである。当然、陸上と海洋の生態系を損なう事態である。この問題は時を負って拡大し、しかも深刻化している。

昨今では、陸上での飼育家禽、家畜などの排泄物だけでなく、海で養殖されている魚類などの排泄物も加わり、河川や海洋の富栄養化を一段と進めている。こちらの問題は海洋に対する負荷の増大であり、海洋生態系を維持する上で、深刻な問題となっている。ここにも人のしでかしている悪行がある。

【著者の寸評】　イルカやクジラを「捕獲してはだめ」、「殺してはだめ」などと言う前に、人は海の汚染に速やかに対策をたて、対処しなくてはなりません。皆さんの前には緊急度の高い廃棄物問題が山積していることをお解りいただけたと思います。廃棄物問題も地球とその住人たちの存続にかかわる緊急事態なのである。世界の人々はまず、廃棄物問題の現状を理解し、認識しなければなりません。そして、優先度の高い廃棄物から、その解消に向けて事を進めなくてはなりません。著者は声高に叫び、お願いしてまわりたい。

【参考資料】・村田徳治（2000)、『廃棄物の資源化技術』、２頁、オーム社。

○　環境ホルモンによる環境汚染とその恐さ

・化学農薬からの問題提起

地球とその住人たちに大きな禍をもたらしている“地球環境汚染”の元凶の一群についても述べる。ここで取り上げたのは合成化学物質の一群、農薬である。1939 年にスイスの P.H. ミュラーが農薬 DDT を合成して以降、BHC、2,4-D、クロルデン、PCP、HCB などの化学農薬が次々合成された。これらは人々の暮らしをおおいに向上させ、進歩させた。

しかし、化学農薬は目的とした薬効・効能が優れていただけでなく、二次的に発生する、望まない効き目も凄いことが分かったのだ。化学農薬の多くは地球の住人である生き物の内分泌系に入り込んで深刻な問題を引き起こしているのだ。今日、人の暮らしは化学農薬に大きく依存するようになっているので、二次的に派生する問題の克服には難しいものがある。

・環境ホルモンと、それが引き起こした問題

本稿で注目する化学農薬類を一言で言えば、“外因性内分泌攪乱化学物質”である。NHK テレビが 1997 年、番組“サイエンスアイ”において外因性内分泌攪乱化学物質に対し、“環境ホルモン”との簡潔な用語を使って放映して以来、環境ホルモンとの呼称が一般に定着した。環境ホルモンは、“生物の体内に入り込み、本来のホルモンのように内分泌系に働きかけ、攪乱する。また、生殖障害などにも悪影響する。さらには、生物によって成立している生態系に悪影響する化学物質である”と定義できる。

環境ホルモンは PPM（百万分率）レベルの微量でも、人を始めとする動物に深刻な問題を引き起こすのが問題である。この問題の核心は、幼児期や若年期の動物に対して感受性が高い、影響が深刻である、

動物に生殖障害や健康障害などを引き起こす、などである。例えば、生殖障害発症の具体的事例を示せば、生殖器の奇形、ガン、精子減少などである。

・各国の環境ホルモン問題の取り組み

話は少し変わるが、日本の研究機関やマスコミは 1990 年代中頃、環境ホルモン問題において世界に向けて一つのつむじ風を吹かせた。しかし、激し易く、冷め易いのが日本人なのでしょうか、昨今はすっかり忘れてしまったかのようで、寂しいかぎりである。この理由は、日本の大学では大学独立法人化法が施行されて以来、ソロバン至上主義が学園内を闊歩しており、環境ホルモン問題などを考究する研究者の影はすっかり薄くなってしまった。このため、発信される報告数もめっきり減った。

海外の研究者たちにあっても、研究が一通り成し遂げられたためでしょうか、成果の公表、そして集積はやや足踏み状態にあるようだ。したがって、環境ホルモン問題は大きな進展、改善がみられないままに、地球の住人たちに深刻な影響を及ぼし続けている。しかも、問題をより深化させ、重大化させているのだ。

改めて、環境ホルモン問題の始まりとその後について話しておく。米国の R. カーソンは 1962 年、「沈黙の春」を出版した。外因性内分泌攪乱化学物質が引き起こす問題に対して最初に警鐘を鳴らしたのだ。しかし、この時点では、環境ホルモンは米国でも、大きな話題にはならなかった。しかし、この国では、心ある研究者たちによって地道な努力が続けられていたことをとりあえず追記しておく。

外因性内分泌攪乱化学物質に関わる研究は 1996 年になって、米国の T. コルボーンらが「奪われし未来」を刊行したことがきっかけで、風が発生して吹き抜けた。この時は米国の世間も素速く注目したので、風は大きなものになったと著者は理解している。当然のことであるが、これを機にカーソンの著書「沈黙の春」も注目されて広く読まれた。アメリカで大旋風が吹いていた中、日本を除いた先進諸国でも、まず科学者を中心にした素早い対応をみせた。また、政治も素速く、この流れに追随した。

例えば、米国の環境保護庁（EPA）と経済協力開発機構（OECD）が活動し始めた。また、米国では食品品質保護法、修正飲料水安全法などの法の制定も素早く行われた。さらに、EPA は 1996 年８月に環境ホルモンを体系的に調べる試験法が開発されたこともあり、試験、研究は目覚ましく進んだ。なお、EPA の試験で 15,000 種もの化学物質が検討されたことも特記しておこう。米国の関心の強さと熱心さが窺える具体的事例である。

OECD もまた、1996 年 11 月の定期会合において国際標準となる環境ホルモン試験法を独自に開発した。他にも、欧州委員会と WHO は同年 12 月、ロンドンでこの問題に関するワークショップを開催した。さらには、米国大統領府と EPA が 1997 年１月に同様のワークショップを開催するなど、米国や欧州の先進国は環境ホルモンに対する関心の強さと素速い対応をみせつけた。驚くことに、一連の対応はわずか２年間ほどのことであり、大きく、大切な仕事が次々と成し遂げられた。

ひるがえって、日本である。当時、世界第二の経済大国として高い評価を受けていた日本であったが、欧米先進諸国がめざましい活動をしている中、まったく存在感を示すことはありませんでした。1997 年３月に至って、当時の環境庁がやっと、“外因性内分泌攪乱化学物質問題に関する研究班”を設置したという、みじめで、さびしい対応だけでありました。ここにも世界の動き、空気に鈍感な日本の政治と行政、そして業界があった？　この傾向はその後、改められることなく、今も続いている。

【著者の寸評】　環境ホルモン問題において日本国が出遅れたことについて、著者は次のように考えている。上級職採用官僚、いわゆるキャリア（実行力と決定権を持つ）は通常、数年という短い期間で職場を変えている。彼らがこのような状態では、腰をすえて仕事に取り組めません。彼らは問題や情報を素速く入手して理解、認識はするが、問題点について考え、行動することは制度上、出来ません。すなわち、キャリアは腰を据えて政治（立法府）に対して働きかけられないのだ。この無責任で不完全な制度・体制に問題があるので、改めなくてはならないと著者は指摘するのですが、皆さんは如何にお考えでありましょうか？

【参考資料】・山本猛嗣（1998）、『日本発　環境ホルモン報告』、日刊工業新聞社。

○　人口の激増と水資源

・ヒトの祖先の誕生とその後

最近の研究によれば、ヒトという種族の祖先とされる猿人は新生代、第三紀、中新世、すなわち、約600万年前にアフリカの森で誕生したとしている。最初に、アウストラロピテクス・アファレンシスと呼ぶ“猿人”の時代が出現した。続いて、ホモ・ハビリスと呼ぶ猿人の時代を経て、160万年前になって“原人”の時代へとヒトの歴史は推移していった。原人ホモ・エレクトスの時代は約20万年前に終わりを告げ、“旧人”の時代へとヒトの進化史は続いた。

旧人のホモ・サピエンス、すなわち、ネアンデルタール人の時代へと推移した。その後、約3万年前には同じホモ・サピエンスの流れ上にあり、“新人”であるクロマニヨン人が出現した。なお、化石の出土状況などによると、ヒト属は原人ホモ・エレクトスの時代にアフリカの森を飛び出し、ヨーロッパ、アジア、そして地球全域へと進出、展開していったと最近では説明されている。

・人口増加の推移

ヒトという種は約3万年前から繁栄し始めた。5千年前には、地球上のヒトの数は1億を超えたと推定されている。人口はこの後も4千年ほどの間はゆるやかに増えて数億人に到達した。この後も、人口の増加傾向はそれまでとほぼ同様の、ゆるやかなものであった。この間の人口増加率は年率約0.3%だと推測されている。そして、1600年代、17世紀の中頃には5億に達したとされる。

西暦1700年代の中頃、イギリスで紡績機や蒸気機関が発明された。これらの発明を受け、“産業革命”が始まった。新しい波は瞬く間に西ヨーロッパ諸国に波及していった。そして、世界へと広まっていった。蒸気機関の力を借りてより多くの物品を造り、より大きな富を生み出す、加えて、人や物資を迅速に動かすという、新しい経済の活動方式は世の中を急激に変えていった。

産業革命という革新はさまざまな分野に波及し、人の数も増やした。この革新後の世界人口の動態を概略示してみる。産業革命以降、人口は右肩上がりに増えていった。産業革命から約200年後の1965年には33億に達した。産業革命の始まった頃に比べると、6倍余と増えた。

その後は、わずか50年の間に50億に、そして、さらに60億、70億へと激増した。21世紀に入って20年経たないうちに75億をも超えてしまったのである。人口は産業革命前と比べると、15倍に増えたことになる。このように述べている今も、世界では毎年1億という数の新しい生命が誕生している。

人口増加は生産分野での著しい進歩だけでなく、医療技術、保健衛生技術など、いろいろな分野での進歩、発展がもたらした恩恵である。特に、最近の急激な人口増加には理由がある。人が核兵器を手にしたことが人口増加の大きな原因だとも考えられている。拾に満たない有力国が危険な核兵器を手にしてにらみ合っているので、互いに自制心が働いて、世界規模の戦争は70年もの間、起きていない。これは人類史上、かってなかったことである。このような中で、世界人口の急激な増加はさまざまな問題を噴出させている。

・人口増加がもたらした問題の一つ、水資源問題

猛烈な世界人口増加がもたらす問題は当然、水、食糧、衣料、住居、燃料、資金など、人が暮らしてゆく上で必要な物や事の不足をもたらした。激増する人口を養うために、国はこれらを確保、提供しなくてはならない。本稿の以下では人が生きてゆく上で、最も必要な“水”資源に注目してゆく。

水、特に淡水は人の生命はもとより、その持続的な維持に必須の資

源である。まず、地球が抱えている水を区分けして示しておこう。地球の全水量は約14億余立方キロメートルである。その内訳である。海水の量は最も多く、約13.51億立方キロメートル（全水量の97.47%）である。以下、淡水の量は約0.35億立方キロメートル（2.53%）、氷河などでの水の量は約0.24億立方キロメートル（1.76%）、地下水の量は約0.11億立方キロメートル（0.76%）、そして河川、湖沼などの水の量は約0.001億立方キロメートル（0.01%）である。

人が生活してゆく上で使い勝手の良い水、すなわち湖沼、河川、地下水などの淡水は以外に少なく、約0.7億立方キロメートルにすぎません。しかも、その多くは南北両極において氷河や氷として存在している。人が取り扱いやすい淡水は地球上の全淡水のわずか４％にすぎないのである。このような水を得るには金と手間がかかる。ついでに、人が使う生活用水にも目を向けると、年間、一人当り約36.5立方メートル必要だとの試算がある。使い勝手のよい淡水を確保するために、どの国も苦労している。

・世界の水利用

続いて、世界の地域ごとに取水量とその用途を比べてみる。アジア地域では取水量は１兆6,339億立方メートルである。そして、その用途別割合は生活用水として約６％、産業用水として約９％、農業用水として約85%である。北中米地域での取水量は6,084億立方メートルであり、用途別割合は生活用水が約９％、産業用水が約42%、農業用水が約49%である。ヨーロッパ地域の取水量は4,553億立方メートルであり、用途別割合は生活用水として約14%、産業用水として約55%、農業用水として約31%である。

オセアニア地域では取水量は167億立方メートルであり、用途別割合は生活用水が約64%、産業用水が約２％、農業用水が約31%である。南米地域の取水量は1,062億立方メートルで、取水の用途別割合は生活用水に約18%、産業用水に約23%、農業用水に約59%である。アフリカ地域での取水量は1,451億立方メートルであり、用途別割合では生活用水が約７%、産業用水が約５%、農業用水が約88%である。

なお、アジアやアフリカ地域では農産物生産のために多量の農業用水が使われている。このことが両地域における生活用水不足の主たる原因となっている。加えて、アジアでは現時点ですでに取水率が高いので、この先、人口が増えれば、増えるほど、水不足は深刻になるものと予測されている。

さらに、世界の水不足の深刻さの具体例を述べておく。2015年時点での状況である。181の国や地域で基本的な浄水飲料水のサービス普及率がやっと75%を越えた。しかし、まだ８億4,400万人が基本的な飲料水、浄水の恩恵にあずかっていません。しかも、このうちの１億5,900万人は川や湖の水を直に飲んでいる有り様である。

続いては、トイレなどの衛生施設の世界における現状と改善の状況である。これは上記した事項以上に遅れている。23億人が基本的なサービスを享受できていません。特に、８億9,200万人は野外での排泄を強いられている有り様である。

加えて、世界の水管理施設に関する問題もふれておく。先進諸国では既存の水管理施設の老朽化が問題となっている。例えば、日本であるが、財政的な制約が露見し始めた現在であるが、施設の補修や更新を急がなくてはなりません。水や衛生サービス、水災害に対する現在の安全・安心の水準を将来に向けても維持できるか、否かが問われている。

日本を始めとする先進国の多くでは、人口が長期的に停滞または減少する中、国土を集中かつ戦略的に維持してゆく必要がある。水に限らず、さまざまな社会インフラについても選別と集中を計らなくてはなりません。一方の開発途上の諸国では先進諸国とは真逆の関係にあり、こちらの今後も、先進諸国以上に難しい状況にある。

【著者の寸評】　意外な話を付け加えておく。日本は生活用水不足とは無縁な国だと皆さんは思われていることでしょう。しかし、日本にもこの問題が存在しているのです。例えば、日本の食糧自給率はカロリーベースで約４割である。不足分は、コムギ、ダイズ、果物など、多くの農産品を輸入してやり繰りしている。これらに加え、今や、工業製品製造用の部品、部材なども多量に輸入している。これら産品の全てを国内で生産、製造すると考えた時、必要な水の量、“仮想水”と称しているが、この量を考えねばならないのである。日本の仮想水は試算によると、年間約 800 億立方メートルになる。この量は国内における年間の水使用量とほぼ同量である。この仮想水を加算して考慮すると、日本は水不足国に陥(おちい)るのである。

【参考資料】・沖大幹、(2018. 2. 4)、「世界の水資源」、サンデー版、中日新聞。

○　“もったいない”食の現状

・大量に遺棄されている食品

日本では昨今、食及び食品に関わる問題が次々と白日の下になっている。例えば、有名料理店での料理の回し使い、海外のずさんな生産体制の下で製造されている加工食品、廃棄食品の再売買など、国民の食の安心と安全を揺らがせている問題の紹介には枚挙にいとまがありません。

今紹介した問題よりも、もっと規模の大きい食品に関わる問題が存在している。食品遺棄の問題である。2014年時点の資料によると、日本では年間、約 2,775 万トンという、尋常でない量の食品が遺棄されている。この量は全食品のほぼ三分の一（30%）を占めている。しかも、この量は年と共に増えているのである。

参考までに、食品の遺棄問題は日本一国にとどまる問題ではなく、先進諸国に共通した問題である。これらの国でも、重量換算で日本とほぼ同じ割合、約 32%もの食品が遺棄されている。これは驚嘆すべきことである。一方、地球上にはこうした国々とは対極の国々があり、飢餓問題が顕在化し、しかも、深刻さを増している。

話を前にもどすが、日本における食品廃棄量 2,775 万トンの内訳である。事業所から出る食品遺棄量、すなわち事業所系食品廃棄量は約 1,953 万トン（約 70%）を数える。加えて、家庭から出る食品遺棄量、家庭系食品廃棄量が 822 万トン（約 30%）である。これこそは“もったいない”の一言につきる。

・食品廃棄にまつわるあれこれ

世界の人口が 75 億を越えたと聞いてすでに久しい。このところ 70 年近く、大きな戦争が起きていないので、世界の人々は本来なら、満ち足りて幸せに暮らしているはずである。しかし、世界では現在、9

人に一人が栄養不足の状態におかれている。このような矛盾に満ちた世界で、食品廃棄量がこのところ、13～16 億トンの水準にある。なお、アジアの日、中、韓３国の食品ロスと廃棄量だけでも４億 5,000 万トンに達しており、世界から注視されている。３国の人々は贅沢な食生活をしているようだ。

さて、まだ食べられる食品の廃棄に関する問題である。今少していねいに言い換えれば、生産から加工までの段階で技術の欠如や不備などのために無駄にされている食品のことである。最近ではこの無駄な食品を“食品ロス”と呼んで問題視している。

問題の食品ロスは日本でも 2014 年の時点で、年間約 620 万トンだと推計されている。内訳は事業所系の食品ロスが約 340 万トン(55%)で、家庭系のそれは 280 万トン（45%）である。620 万トンもの食品ロスを日本人一人、一日当たりに換算すると、約 134g になる。この量は丁度、茶碗一杯のご飯に相当する。日本人は毎日、茶碗一杯のご飯を捨てているのだ。日本も随分贅沢になったものである。

他にも問題とすべきことがある。日本の食品ロス量についてである。この量は貧困にあえいでいる人々に対して世界が援助している全食品量、約 320 万トンの約２倍に相当する。参考までに、消費者が食べ残した、腐敗したなどで廃棄している食品は別途、“廃棄食品”と呼び、上記の食品ロスとは別になっている点を記して注意喚起しておく。

世界では毎年、13 億～16 億トンの食品ロスや廃棄食品があると推算されている。ついでに、この量の穀物を生産する耕作地面積はどれほどであるかを試算した研究者がいる。その答えは 14 億ヘクタールであるという。これはカナダとインドの耕作地を合わせた面積であり、食品のムダ使いもこの規模になれば、著者ももはや、驚嘆するだけである。

・ムダな食品廃棄の見直し

食品のムダ使いに対する対策も最近では、いろいろ講じられるようになった。例えば、国連は2015年9月に「持続可能な開発のための2030アジェンダ」を発表した。“2030年までに小売り及び消費レベルでの食品廃棄量の一人当たり量を半減させる”との目標をかかげ、行動を始めた。

日本でもすでに、いくつかの活動や取り組みが始まっている。例えば、“食品のリサイクル”である。ここで考えられている食品のリサイクルについて簡単に説明しておこう。まずは、対象食品についてである。食品として再利用するのが最も当然であると考えられるが、下記のように三つの分野で利活用することが目論まれている。

その計画であるが、1）飼料や肥料などに変換して再生利用する。2）エネルギーとして回収する、すなわち、燃して熱を回収、利用するのである。3）脱水、乾燥、発酵、炭化などの処理をしてかさ高を減らす、すなわち、減量するのである。

日本国が食品リサイクル法を制定して以来、食品製造現場での食品再生利用等の実施率、いわゆるリサイクル率向上の取り組みは顕著な成果を上げており、85%に達している。なお、外食産業でのリサイクル率向上の取り組みは低迷している。また、家庭食品のリサイクル率向上の取り組みは食品リサイクル法の対象外とされている。その現実であるが、ロス食品のほとんどが焼却や埋められている。

家庭の食品ロスを如何に減らすかは当然、日本の食品廃棄問題における主な課題である。特に、家庭の食品ロスは、食べられる野菜類を中心とする食品が280万トンに達しており、しかも、気軽に廃棄されている点が問題である。

一方の事業所関係における食品ロスに関してである。食品製造業分野ではリサイクルに熱心に取り組んだので、顕著な成果を上げている。しかし、食品流通業の分野ではリサイクル率向上はこれからであるという。この分野での遅れは廃棄物の分別が難しいためだと指摘されている。なお、食品流通業界での食品ロスの実態であるが、規格外品、返品などが中心を占めている。

今一つ、日本の商慣習も食品ロスや廃棄物の改善に大きく影響している。具体的に言うと、"三分の一ルール"と呼ぶ、商売上の取り決めが問題となっているのである。三分の一ルールとは、"商品製造の日から賞味期限の日までの三分の一の時点を小売店への納品期限とする。また、納品期限を過ぎると、メーカーや卸し企業は小売店へ商品を出荷できない"との取り決めのことである。日本の約束は他国に比べると厳しすぎる。これが日本の食品ロス逓減の足かせとなっていると言っても過言ではない。

【著者の寸評】　人のやること、なすことのどれもが無駄が多く、合理的ではありません。人はまず、この点を猛省、自覚し、改めなくてはなりません。食品ロス問題も関連業界での努力、納品期限の緩和、賞味期限表示の変更（年月日から年月へ）など、食品廃棄を減らすための対策が考えられ、解決に向けて動いている。しかし、日本における歩みには限りがある。ここにも日本特有の制度・慣習と立法府と行政府の無為無策があり、活動の足を引っ張っている。今ほど、抜本的な制度の改革や刷新が渇望されることはありません。

【参考資料】・亀岡秀人（2017. 7. 2）『減らせるか　食品ロス・廃棄』、サンデー版、中日新聞。

○　飢餓に呵(さいな)まれている人々と国々

・富める国々がある一方で

第二次世界大戦が終了して75年の時が経過した。この間、朝鮮戦争以外、世界規模の戦争は起きていません。こうした幸いもあって、地球上では今、約75億を超える人々が190を越える国や地域を建てて暮らしている。人々は穏やかな暮らしを営んでいて、幸せのはずである。しかし、現実の世界には大きな矛盾があり、問題が次々と噴出している。

世界には一方に富める国々が、他方に貧しい国々があって両者が混在している、国々が二極化している。また、同一国内でも、豊かさの中に暮らしている人々がいる一方で、貧しさの中に暮らしている人々がいる。以上から、どこの国にも大勢の貧しい人々がいることを忘れてはいけません。ここでは豊かであるはずの時代に、貧しく暮らさざるをえない、大勢の人々がいる。このことについて考えてゆくことにする。

世界では今、約9人に1人、すなわち、8億余の人々が飢餓に苦しんでいる。また、子供の約4人に1人は慢性的な栄養不足の状態にある。こんな現状がある一方で、先進国が中心の食品廃棄量は昨今、年間13億〜16億トンにも達している（“もったいない”食の現状参照）。飢餓の国々がある一方、飽食の国々がある。矛盾に満ちた二種類の国が地球上のいたるところで並存、抗争している事実を人々は厳粛に認識する必要がある。また、急激な人口の増加が引き起こしている問題も座視できません。

・飢餓に苦しむ人々の背景にあること

飢餓に直面している、膨大な人々の背後には三つの問題が存在し、飢餓を一層難しいことにしている。第一の問題は干魃に代表される“自然災害”である。昨今、自然災害が世界各地で頻発している。また、温暖化に加え、火災、盗伐、野焼きなどのためで森林の消失が続いており、水源が涸れ上がった所が急増している。作物栽培に必要な水までが不足あるいは欠乏しているのである。作物の収穫が減ったり、期待できなくなった地域が、開発途上国を中心に激増している。また、自然災害の中には干魃に加え、巨大な台風や豪雨もある。これらによる洪水や山崩れによって農地や住宅地の崩壊、流亡が急増しているので、飢餓に苦しむ人々も激増している。

第二の問題は多発し、深刻化している“紛争や暴力”である。例えば、アフリカでは民族問題や資源争奪などに起因する紛争が増加している。この場合、人々は家だけでなく、村からも追い出されて飢餓に直面させられている。同様に、シリアやイラクなどの中近東では宗教、宗派、そして民族に根ざした紛争やテロリズムが多くの人々を深刻な事態に陥らせている。

第三の問題は平等や調和とは無縁な“独善的な政治”が引き起こす抑圧とひずみである。悪政によって国民が二極化させられる、時には多極化させられている。そして、体制から切り捨てられたり、体制に追随できない貧しい人々が増え続けている。この問題は第二の問題と深く関わり合っている。この実情も飢餓を考究する上で、座視できません。

上述の三つの問題は単独で発生することも多々あるが、上記したように、多くは相互に関わり合っており、問題をより複雑なことにしている。こうした点に留意して飢餓問題を見つめてゆく必要がある。また、こうした問題は人々の健康やこどもの生長を蝕むだけでなく、当該国の経済発展をも阻む、最大の要因となっている。

世界では今、自然災害、紛争、暴力、そして独善的政治に起因する問題が単独、あるいは絡み合って頻発している。これらの問題は本題である飢餓問題をより複雑にし、被害を甚大なものにしている。暮らしを奪い、家や土地を奪い、健康を奪うなどして、飢えという危機に人々を直面させている。

被害を被って対象となる人々の数は年と共に増えている。こうした人々は生まれ育った土地を無理矢理に追い出されるので、食と職を求めて、世界中を彷徨わざるをえません。これこそは現在、世界を揺るがせている“難民問題”である。世界はこうした人々に手をさしのべてはいるが……？

・世界の飢餓支援

国連の組織である世界食糧計画（WFP）や食糧農業機関（FAO）などが飢餓と飢えに苦しむ人々のために救済活動を続けている。例えば、世界食糧計画（WFP）の活動である。この機関の目的は飢餓のない世界をめざすことである。本部はイタリアのローマに置かれており、災害や紛争発生地域に対して緊急食糧支援などを行っている。具体的には、約 80 ケ国に対して毎年、八千万人を対象にした食糧支援を行っている。

加えて、日本国自身も政府開発援助（ODA）の一環として毎年、二百億円ほどを世界食糧計画（WFP）に拠出して支援している。他にも、ケース・バイ・ケースであるが、緊急の無償資金協力なども実施している。日本同様に、他の先進諸国も援助や支援を行っているが、実情は焼け石に水の感がするのを否めません。激増する難民に対して顕著な成果をあげられないのが、今の世界の実情である。

このような一方で、日本ではこのところ、年間 620 万トン余りという大量の食品ロス、食品の廃棄が日常的に行われている。この量は世界食糧計画（WFP）が 2016 年に飢餓に陥っている人々に実施した食糧援助量 350 万トンよりも随分多いのに注目して、筆をおくことにする。

【著者の寸評】　食品をめぐる問題も世界の主要な関心事である。その一つ、食品ロスは最近、世界中で年間 13 億～16 億トンの多きに達している。食品ロスのすべてを飢餓対策に回すことができれば、飢餓問題は解決するはずであるが、現実は上述した通りである。国連の加盟国を始め、世界各国が自国主義を主張するなどと、多極化している現実は、この問題すらも、より難しいことにしてしまっている。著者にはもう言葉がありません。

【参考資料】・亀岡秀人、(2017. 8. 6)、『飢えに苦しむ国々』、サンデー版、中日新聞。

○　探せばまだ見つかる新植物性資源成分、クチン

・植物の主要成分、クチンとは

何であれ今日、資源を見いだし利活用に供すること、資源を無駄なく利活用すること、永く維持してゆくことなどは、75 億を超えた人類が存続してゆく上で必須のことである。ここでは、探せばまだ天然性の資源は見つかるという事例を紹介してみたい。天然性資源の化学的利用に関わってきた、著者とっておきの、そして、夢もある話をしてみる。

木本植物に代表される植物は種類、部位、組織などで構成成分とそれらの組成が異なる。例えば、木本植物の幹、樹幹部を構成する成分は通常、水を除けば、セルロース、ヘミセルロース、リグニンであり、これら成分量を合計すると 95%を越える。参考までに、残りの５％ほどは抽出成分と灰分である。

木本植物の葉部の主な構成成分は何かと問えば、通常、セルロース、ヘミセルロース、ペクチンなどと答えるが、他にも、クチクラ層と呼ぶ葉部組織にはクチンと呼ぶ成分が主な構成成分として局在している。なお、樹皮部では葉部におけるクチンとよく似たスベリンと呼ぶ成分が主要成分の一角を占めている。ここでは葉部の成分、クチンに注目する。

木本植物の葉や樹皮に局在するクチンやスベリンは一般に、ヒドロキシ脂肪酸や脂肪族アルコールがエステル結合したオリゴマー様の混合物であるとされてきた。なお、両成分は共に、葉や樹皮の防水や組織保護の役目を担っている。

クチンやスベリンは脂肪族系化合物が相互に結合しているが、化学的規則性に乏しいためであろうか、これまでのところ定量法すら

確立されていません。したがって、両成分は他の天然性成分に比べると、研究が出遅れた状態のままに捨ておかれていた。両成分は本格的な研究のメスが入るのを待っていたのである。

・未利用資源としてのクチン

さて、日本の林業ではスギ、ヒノキ、ヒバ、マツ、エゾマツ、トドマツなど、拾種ほどの針葉樹が材木生産の中心とされてきた。これらの植栽面積は以外に広い。日本の森林の中には、江戸時代からこれら針葉樹が繰り返し植栽、造林されて今日を迎えている所も少なくない、例えば、木曽・信州などでは立派な針葉樹類の森林が見られる。スギやヒノキは日本の木材資源利用で中心にあって重要な役割を果たしてきた。

改めて言うまでもありませんが、日本では上記針葉樹類は年間生長量が多く、年間伐採量も多い、日本屈指のバイオマス資源である。これらは少しでも、効率よく、そして高度に利活用してゆきたい資源である。前置きがすこし長くなりましたが、著者は現役時代、日本産針葉樹葉のクチン成分に注目して研究していた。その結果の一端を以下で紹介する。

42 種の日本産主要針葉樹の葉粉試料の所定量それぞれを２規定の水酸化ナトリウム水溶液とともにステンレス製の耐圧性反応管に入れ、170℃の油浴中で２時間加熱処理した。処理後、反応液の酸性と中性の画分を分け取り、それぞれの画分をガスクロマトグラフィーによる定量分析やガスクロマトグラフィー附質量分析計に供して調べた。その結果、全針葉樹葉試料を構成していた主要な成分は予想通り、脂肪酸類であり、これらが分解産物の 90%を占めていた。さらに、42 試料を通して得られた分解産物から、クチンを構成していた脂肪酸は９種類に及ぶことを明らかにした。

加水分解で得られた脂肪酸、クチン構成脂肪酸のうち最多の酸は、ゴヨウマツを除く41試料において、10,16-ジヒドロキシヘキサデカン酸（$HOCH_2-(CH_2)_4-CH(OH)-(CH_2)_9-COOH$）であった。特に、我が国で蓄積量の多いスギやヒノキでは、このヒドロキシ酸が全酸類中の約90%を占めており、他の構成酸の量を大きく上回っていることも分かった。

以上をまとめてみると、日本の代表的な造林木であるスギやヒノキの葉部のクチン分解産物は主に、10,16-ジヒドロキシヘキサデカン酸である。この酸がクチンの90%を占めている。したがって、葉部の化学的利用を考究するに際して、この酸は都合の良い、未利用化学資源成分であることが明らかになった。なお、スギやヒノキの葉部は現在、利用されることなく、林地に残されている。

・クチンの定量法と定量結果

続いて、著者らは針葉樹葉中のクチン定量法についても考究し、実験を行った。その結果である。考究中に二つの点に気づいた。最初の点は、針葉樹葉中でセルロースやヘミセルロースなどの炭水化物類と共存するクチン成分は、ヒドロキシ脂肪酸類のエステル化合物の集合体であるので、化学構造上、酸による処理には強く抵抗する。また、共存している炭水化物は容易に加水分解されて水に可溶なグルコースになることに気づいた。

二点目である。針葉樹葉中のクチン成分はタンニンやリグニンなどのフェノール成分と共存している。芳香族成分であるタンニンやリグニンは共通して、UV吸収スペクトルの280nmに吸収帯がある。ところが、共存する脂肪酸のエステルはこの波長領域に吸収帯もたない成分であることに気づいた。

以上、二つの考究上の知見から、葉を構成しているクチン成分の定量法として、リグニンの定量法であるクラーソン法（硫酸処理に抵抗する成分としてリグニン量を求める定量法）と、同じリグニン定量法であるアセチルブロマイド法（芳香族化合物に起因する波長領域、280nm における吸光度からリグニン量を求める定量法）による定量値をそれぞれ求める。その後、両者の定量値の差を求めれば、粗クチン量と見なせると考え、試みのクチン定量実験を実施した。

日本産主要針葉樹の葉試料をこの方法で定量分析したところ、スギ葉には、その乾燥物の 16%、ヒノキ葉には同 13%のクチンが含まれていることが判明した。

スギとヒノキの葉はこれまで、確たる使途もないので、山に捨てられていた。毎年、遺棄されるスギやヒノキ葉部量を考えると、この未利用資源は魅力的な存在である。スギやヒノキの未利用葉部に対してアルカリ加水分解を行えば、三つの反応起点をもっていて、反応性に富む 10, 16-ジヒドロキシヘキサデカン酸をまとめて入手できると結論した。

10, 16-ジヒドロキシヘキサデカン酸は高分子化学分野を始め、いろいろな分野で化学的な利用が想定できる有機化合物である。また、炭素 10 位における二級のアルコールをねらって、分解反応を施し、より炭素数の少ない分解物に誘導すれば、使い勝手が良い化合物となり、使途も増えるだろうと考察した。いずれにしても、クチンとその分解物は有望で、楽しみな天然性未利用化合物であると評価した。著者らは以上のように、10, 16-ジヒドロキシヘキサデカン酸という、有意な未利用資源化合物がスギやヒノキの葉部中にかなりの量存在することを始めて具体的に明らかにした。

【著者の寸評】　資源の確保も今日の世界が抱えている大切な問題である。地球が 80 億近い人口を抱えるにいたった今、これらの人々を養い、維持するだけの資源を探索・確保し、供給・配分するのは大変なことである。必要とされる資源は多種多様である。例えば、人の衣、食、住の生活を維持するための資源だけでも、種類はいろいろであり、それぞれを人口分だけ賄うのは困難なことになりつつある。本稿で紹介したクチンもこんな資源の足しになるものと著者は考えている。ついでに、著者がクチン成分の研究中、即興で詠んだ短歌を披露しておこう。　森林を　探し回われば　新資源　捨てられし葉に夢あるクチン

【参考資料】・大橋英雄（1990）『日本産主要針葉樹類葉中のエストライド及びその分解物、オメガオキシ酸類の高度利用』、科学研究補助金（一般研究C）研究成果報告書。

○　タンポポを知れば、植物のすごさが見えてくる

・タンポポのプロフィール

冬の野原の日溜まりなどで、放射状に展開した葉を地面すれすれに這わせている植物をよくみかける。葉のこの様態を“ロゼット”と呼ぶ。ロゼットは厳しい寒さをしのぐための植物の有り様の一つである。ロゼット状態をとる植物の一つにタンポポがある。

春が到来すると、葉をすでに全開していたタンポポは他に先駆けて活動を始められる。タンポポは展開した葉の間から高さ 15～30cm ほどの花茎を伸ばし、その頂きに直径３～４cm の黄色い花を咲かせる。この花は単生花であり、花を構成する小花は舌状の花冠をなす。花をよく見ると、舌状花冠の先端部分は切形であり、五つの浅い裂け目が確認できる。本稿ではタンポポをよく知れば、植物のすごさが見えてくると題して話をする。

タンポポはキク科、タンポポ属に属する多年生の草本植物である。タンポポは漢字で蒲公英と書くが、この謂われはタンポポの根が漢方生薬の蒲公英(ほこうえい)であったことに因るとされる。日本にはかって 10 種類のタンポポが地方ごとに棲み分けて分布していた。カントウタンポポ、シナノタンポポ、トウカイタンポポ、ミヤマタンポポ、カンサイタンポポ、エゾタンポポ等々のことである。日本タンポポには頭花の形などに地理的変異が認められる。

タンポポと言えば、著者は黄色い花を思い浮かべるが、人によっては白い花を思い浮かべるという。著者は東海地方にずっと居住してきた。その著者のタンポポに対する、かっての認識は、黄色い花のトウカイタンポポによるものでした。白い花のシロバナタンポポの存在は思いも及ばなかった。

白い花のシロバナタンポポは本来、九州、四国、中国地方に偏在している。しかし、昨今では関東地方の一部でも見かけるようになった。これには活発な人や物資の移動が関わっている。シロバナタンポポのタネが人や物資にくっついて移動して関東の地に定住したのである。このことは、“多くの草花は人と共にある”との分かり易い事例でもある。

・タンポポの展開

日本各地に古くから根付いていたタンポポであっても、人や物資の移動の増加にともなって、それぞれが来訪者となって分布領域を拡大し始めたのである。そして、新天地で在来の種と混在するようになった。最近では、世界的に人と物の移動が活発になったので、植物界でも外来種の侵入、定着の事例が増えている。外来植物（帰化植物とも呼ぶ）の中には、日本本来の種を圧迫しているものも少なくない。例えば、セイヨウタンポポは日本に帰化した植物の代表であり、日本古来の種を圧迫している。

セイヨウタンポポは日本のいたるところで日本在来タンポポとせめぎ合い、そして勝利している。タンポポ界における侵入種は在来種との“競争”において目下、連戦連勝中である。その理由はセイヨウタンポポの並はずれた繁殖力である。日本のタンポポの一つの花が生産する種子数が60〜90個であるのに対し、外来種のそれは150〜200個と、2倍以上である。タンポポ抗争の背景にはこのような現実があって日本古来の種は駆逐されつつある。

話は変わるが、風媒花であるタンポポの種子は風に乗って野原の一点に飛来、着地、定着する。新天地において発芽した個体を中心に、またたくまに仲間を増やして群を成す、すなわち“群生”する。野原の一角に飛来したタンポポによって、タンポポによる“優先”状態が出現するのであるが、これも生物界の常のとおり、長続きすることはありません。

飛来、定着したタンポポが同じ所に居座って仲間を増やし続けた結果、その地で“嫌（忌）地”と呼ぶ現象が発生する。嫌地とは次のような現象である。タンポポが活動を終えて枯れてしまった地上部や、年を経て枯れた個体の根株などが微生物によって分解される、その過程で生みだされた分解産物は一気に分解されることなく、その場に滞留する、この残留物が新たなタンポポの種子の発芽を阻害したり、芽生えや苗の生育を損なう現象のことである。

嫌地現象は畑での作物栽培でよくみられる“連作”障害と似た現象である。これらの現象も今では、植物に由来する成分が引き起こしている化学的な現象であると、具体的な原因化合物を示して説明できる場合が増えている。

・タンポポの次なる展開

我が世の春を謳歌していたタンポポの群落が衰退し始めると、タンポポは自身の自滅、滅亡を座して待つことはいたしません。新たな繁栄に向けて対策を講じるのである。他所へ移動し、たどり着いたその場で次の繁栄を目論むのである。

まずはタンポポの移動前の一仕事である。タンポポは花を咲き終えると、花茎をさらに伸長する。花茎が30cmを越えることも少なくありません。これはタンポポの“種子を少しでも遠くへ飛ばしたい”との思いの発露だと考えられている。加えて、タンポポは種子が球状にまとまった塊（かたまり）の形成を終えると、種蒔きを始める。

この種蒔きにもタンポポの知恵が潜んでいる。タンポポの一つの花が造った種子の全てを一陣、すなわち一吹きの風に乗せて一つの方向だけに飛ばすような愚行はいたしません。数回の風に乗せて種子を飛ばし、より広い範囲に飛散させるのである。“風は一方向から吹いてくるとは限らない”とタンポポは知っているのだ。タンポポを始め、植物は総じて種蒔きにおいても非常に慎重である（種蒔きいろいろ、用心棒にたのむカタクリ参照）。皆さんも種子を飛散する直前のタンポポを見つけたら、試してください。皆さんの一吹きで全ての種子を吹き飛ばせるか、否かに挑戦してみてください。

さて、タンポポの引っ越しの話の続きである。平安の昔、瀬戸内海の合戦で源家に負けた平家の武者は方々の僻地へ落ち延び、密かに暮らしたとされる。対するタンポポの種子は風に乗って堂々と飛来し、新たな地を手にする。その地で新たに群落を形成してゆくのである。そして、以前にも増した繁栄を目論む。

しかし、新たな地で繁栄を迎えたタンポポも永遠ではありません。自然界では、一つの地に根付いた植物でも、長い時の間に次々に顔ぶれが交代してゆくのが常のことである。この交代現象を植物学者は“遷移”と呼んでいる。

遷移についてである。最初はいろいろな草本植物が場所の占拠・占有を競い合うが、その後、木本植物が侵入し、占拠するように変わってゆく。当然、木本植物も草本植物と同様の占拠・占有を繰り返し競い合う。背丈の低い陽樹の林から、背丈の高い陽樹の林、陽・陰樹混交の林、そして、陰樹の林へと変遷は時をかけて続く。

最終的には、陰樹の登場によって長い時をかけた遷移は落ち着きをみせる。専門家はこの状態を“極相林の形成”と説いている。例えば、青森、秋田両県にまたがる白神岳の山腹を中心に展開しているブナの森林である。この森林こそは典型的な極相林であるのだ。ついでに、このブナの森林は世界的にも希な存在であるので、世界自然遺産に認定されている。

【著者の寸評】　一つの植物がある場所に侵入し、その後、競争、群生（独占）、自滅、競争、遷移、極相形成などを繰り返して行く様を、たくましいタンポポを通して見てきた。植物たちは森や林で、非常に長い時間をかけて侵入、占有、交代を繰り返している。植物とは、賢く、息の長い生き物であることをタンポポが改めて教えてくれた。

たんぽぽと　仮名で呼ぶべし　たんぽぽと　呼びおる人は　穏やかなるや（詠み人知らず）

【参考資料】・橋本郁三（2007)、『食べられる野生植物大事典』、286頁、柏書房。

第2章　植物たちの優れた構造や能力

○　樹木が巨大かつ長寿になれた理由

・木本植物の強さは？

世界の森林には様々な植物、動物、微生物が生息している。植物に目を向けると、100mを超えてそそり立つ木本植物（以降、樹木）、人の胸の高さで測る幹（樹幹）の直径が10mを超える巨樹、横や縦に100mを超えて這い回っている蔓性木本植物など、大きくて個性的な樹木が見つかる。「地球上で最大の生物は何か」と問われれば、著者は即座に、「鯨ではなく、樹木である」と答える。

樹木は膨大な数の細胞の塊である。小さな木製品である爪楊枝でも、万を超える数の細胞の集まりである。上記した樹木は一体、如何ほどの細胞で造られているのであろうか。途方もない数になることだけは確かである。

さて皆さん、樹高が100mにもなるレッドウッド（センベルセコイア）のような巨樹を想定してみてください。この樹木の根元には100mという樹幹を形成している細胞が、加えて、樹幹を被う枝や葉を形成している細胞ものし掛かっている。時には、樹幹に降り注ぐ雨や雪の重さ、樹幹に吹き付ける風の風圧も加わることもある。

さらに数百年、千年という時間にも耐え抜いている。しかし、根元の細胞は押しつぶされません。根が吸い上げた水やミネラルを梢に届けたり、光合成産物を根に届けるなど、平然と機能している。こうした樹木は脊椎動物にみられる硬い骨組み、昆虫類や甲殻類にみられる鎧のような殻も持っておらず、実に不思議である。これには木本植物、樹木に特異な生理活動が関わっている。

・樹木の木化活動

まずは樹木特有の木化（lignification）と呼ぶ生理活動である。樹木の祖先は自然界を生き抜くために骨や殻でなく、個々の細胞を厚い壁（細胞壁と呼ぶ）で包み、そして強化した細胞を互いに堅く結合する方法を採用した。皆さん、六角形の鉛筆を、しかも、その後側を覗いてみてください。そして、これから芯を抜き取った中空状態の鉛筆の後側面を想像してください。この姿が強化された細胞の横断面にそっくりなのである。なお、木化前の細胞の膜は鉛筆の塗料の被膜程度の薄さでしかありません。

さて、木化活動の場であるが、そこは形成層と呼んでいる。樹木の幹を輪切りにすると、樹皮の内側に、ドーナツ型の辺材と呼ぶ部分と、その内側の丸い心材と呼ぶ部分が目に飛び込んでくる。辺材は形成層に起源をもつ導管、繊維状仮導管、柔細胞木ストランドなどの細胞でもって造りあげた木質組織である。なお、実際の形成層は辺材と樹皮との間の紙一枚ほどの厚さの、活きた細胞の層である。

続いて、木化活動であるが、その原料から話を始める。皆さん、鉄筋コンクリート造りの建物構築を想い起してみてください。細胞壁造りの材料のうち、セルロースは鉄筋に、ヘミセルロースは砂利石に、そしてリグニンはセメントに置き換えていただき、以下の話におつき合いください。

・木化の進展

木化活動の実際である。辺材の最外層、生成されたばかりの細胞の層（その年の年輪）が木化活動の舞台である。鉄筋に例えたセルロースミクロフィブリル（小繊維）と呼ぶセルロースの束が無作為に生成され、配置されてゆく。続いて、小繊維が配置された各細胞の膜内表面では、砂利石に例えたヘミセルロースが小繊維の束を包み込むように生成され、沈積されてゆく（これで一次壁の骨組み造りは完成）。

この後、骨組みが完成した一次壁の内側では二次壁の形成が始まる。

二次壁は最終的に、外層（S_1）、中層（S_2）、内層（S_3）の三層構造となる。三つの層は記載順に、細胞内方に向かって積み重ねられてゆく。

ところで、三つの層における小繊維配置の様子である。S_1層では小繊維は無作為に配置されてゆく。S_2層では小繊維が規則的に交叉、配置される。また、S_3層では小繊維は斜めに整然と並べて配置される。小繊維配置の層ごとでの違いは外部から加わる強い力に抗するために樹木が行なう工夫である。誠に心憎いばかりの、樹の所業なのである。二次壁でもヘミセルロースは一次壁における場合と同様に、小繊維の束を埋めるように生成、沈積される。これで二次壁の骨格造りは終わる。

二次壁のS_1層で小繊維の配置が始まった頃、一次壁ではセルロースとヘミセルロースの隙間にセメントに例えたリグニンが生成され、沈積し始める。そして、この生成、沈積は一次壁全域に及んでゆく。その後、二次壁の外層（S_1）でもリグニンの生成と沈積は進行する。これと同じ頃に、細胞と細胞の間（細胞間層）でもリグニンの生成、沈積が始まる。両所でのリグニン沈積が終わった頃には、リグニンの生成、沈積は二次壁の中層、そして内層に及んでゆく。一連のリグニンの生成、沈積活動をまとめて“木化”と呼ぶ。なお、リグニンはセルロースやヘミセルロースの間で無関係に沈積するのでなく、ヘミセルロースとは化学的に結合する。したがって、細胞壁はより強固なものとなる。

・リグニンの生成とその意味

リグニン生化学と沈着の実際である。グルコースを分解する解糖系・トリカルボン酸回路のメンバーであるホスホエノールピルビン酸と、類似の糖分解系である還元的ペントース燐酸経路のメンバーであるエリスロース－４－燐酸がリグニン成分の生合成における出発化合物である。両化合物からコニフェリールアルコール、シナピルアルコール、p-クマリールアルコールといったリグノール類、リグニン直前の化合物が生成し、貯えられる。

リグニン生成におけるリグノール類の関わり方についてである。裸子植物、被子植物の双子葉植物、同単子葉植物で関わり方が違う。すなわち、裸子植物のリグニン生成にはコニフェリールアルコールだけが、双子葉植物のリグニンはコニフェリールアルコールとシナピルアルコールの二種が、そして、進化の先端にいる単子葉植物のリグニンはコニフェリールアルコール、シナピルアルコール、p-クマリールアルコールの三種が関わる。植物グループごとに、リグノール類が酸化的に縮・重合して、高分子化合物であるリグニンに変わる。木化活動においても、進化の大原則、単純から複雑に守られていることが分かる。

樹木の幹材のリグニンは樹幹重量の 25～33%を占め、セルロースやヘミセルロースと並ぶ主要な細胞壁構成成分である。リグニンの生成は光合成を自在にした樹木だからこそ可能になった活動である。こんな樹木であるが、実はたいへんな始末屋であるのだ。グルコースの無駄遣いをしないのである。

樹木はリグニンを傾斜的に生成し、沈着している。すなわち、リグニンをより必要とする所にはより多く、そうではない所にはほどほどに生成し、沈着するのである。一次壁と細胞間層では接着剤としての量、最低限量の 18～28%を、二次壁では 60～80%を生成、沈着する。特に、樹液が往来するS_3層（最内層）では樹液漏れを防ぐために、最も多くのリグニンを沈着している。樹木の合理的な有り様に感心しきりの著者である。

樹木が力学的な強さを発揮する秘密は細胞壁や細胞間層へのリグ

ニンの沈着にある。リグニンは樹木の細胞膜を厚く、硬く強固にするとともに、強化した細胞を相互に結びつけて木部組織全体を揺るぎなくする。木化活動は海で生まれ、浅瀬で揺らぎながら陽光を受け止めていた植物が生きる場を陸に移したことに対する、決定的な対策である。

また、樹木が細胞壁と細胞相互をリグニンで強化したことは、微生物に対処したことでもあった。リグニンは多くの微生物の攻撃に抵抗する物質である。リグニンは強くないが、抗菌、防黴などに生理活性も有している。しかしながら、リグニンは白色腐朽菌と呼ぶ一群の菌類には、いとも簡単に分解されてしまう。これこそは自然の妙味とでも言うのであろうか。

・樹木の心材形成活動など

高等植物である樹木の画期的な進化はこの後も続いた。樹木の進化における今一つの成果は心材形成（heartwood formation）能の獲得である。木化活動は樹木を強く、巨大化することを可能にしたが、この成果だけでは樹木の寿命の違いや個性の違いをうまく説明できません。この疑問には心材形成活動とその成果が応えてくれる。

さて最初は心材形成の舞台である。樹木樹幹部の活きた組織、形成層の内方には辺材が展開している。辺材は外方に向かって年々作られている。辺材は樹種、生育環境、育林法などで違うようであるが、樹木種子の発芽から15年程経つと、辺材の最内部が移行材（白線帯）と呼ぶ領域に変化する。この部分は樹幹を輪切りにすると、多くの場合、肉眼でも認識し、確認できる。辺材の最内部分、心材の外の部分がこれから話す心材形成活動の舞台である。

樹幹の樹皮部分の内側、そして辺材の最外部には活発な生理活動を行なう形成層と呼ぶ、組織がある。形成層とつながった放射柔細胞組織（辺材の４～５％を占める細い棒状組織）が活きたままの状態で年々、樹幹中心方向に追いやられてゆく。この組織は放射状に伸長生長していると言い換えることができる。この組織は誕生から15年ほど生き続け、死を前に最後の活動、心材形成を行なうのである。この活動を行う部分を移行材、白線帯などと呼んでいる。

移行材領域の放射柔細胞組織の中に貯えられているデンプンを原料にして、昆虫や微生物などに殺虫、殺菌活性をもつような成分（抽出成分）を生成し始める。生成物はフラボノイド、テルペノイド、スチルベノイド、フェニルプロハノイドなどと多彩である。生成成分は樹種ごと、特異的に生成される。なお、これらをまとめて“心材成分”と呼んだりする。

移行材の柔細胞組織で生成された心材成分は、その場に留め置かれることもなく、樹液に乗って移動し始める。心材成分は生成の場であった放射柔細胞に隣接している導管や繊維状仮導管などの細胞へと、これらの微細構造、膜孔や壁孔を経由して次々と転送されると了解されている。心材成分は樹液に乗って木部組織全域に行き渡ることになる。この後、樹液は心材成分を残して退いてゆき、木部組織は乾燥する。すると、心材成分は木部組織細胞の二次壁最内部に塗布したかのように残存する。この有り様は人が壁を塗装したようである。これで心材形成活動はこれで完結である。

辺材の最内部（移行材）の細胞領域は心材成分で塗布され、心材と呼ぶ領域に変わる。心材領域は樹幹中心部から年ごとに、鉛筆にキャップを次々と重ねてゆくように、積み重ねられてゆく。新心材は抽出成分によって昆虫や微生物に対抗する備えを完了する。すなわち、新心材は耐久性を高めたのである。また、心材は自己主張することにもなった。例えば、ヒノキの心材であるが、ヒノキレジノールと呼ぶ抗菌性成分を生成した結果、ヒノキの心材は抗菌性を高めるとともに、淡桃色を呈し、ヒノキの心材らしさを主張するようになった。木化と心材化の両活動によって、樹木が長年に渡って生きてゆける仕組み造りは完了する。

ついでに、森林では老樹の心材が空洞化している老樹をよく見かける。心材成分によって補強された心材も長い年月には勝てません。心材が劣化して抜け落ち、空洞化するのだ。これは言い換えれば、老樹の樹幹がパイプ構造へ変身したことである。長年かけて生長、肥大した樹木の根元にかかる巨大な負担を軽減するべく、パイプ構造へ変えたのだ。空洞化は老樹がより長生きするための対策、敬老対策であると考えてもよいだろう。

・心材成分と耐久性を発揮する木材

もう一言述べておく。日本には優れた木材を提供するヒノキがあるが、「抗菌・抗虫活性が最強の木材を提供する樹木は」と問われれば、著者はヒバと答える。ヒバの心材を代表する抗菌、抗虫成分と言えば、日本では“ヒノキチオール”、国際的には“β-ツヤプリシン”と呼ぶ成分である。この成分を保有しているために、ヒバ材は日本産材中、最強の耐久性を示すのである。なお、ヒノキの心材はヒノキチオールを痕跡程度保有するだけであるが、この心材の強い耐久性は他に保有しているテルペン成分類によることが確認されている。樹木それぞれの進化上の対策の違いが窺えて興味深い。

ついでに、ヒノキチオールに関する挿話を紹介しておく。事は1940年代中盤から始まった。当時の台湾、台北帝国大学の野副鉄夫らは日本のヒノキ（*Chamaecyparis obtusa*）と近縁のタイワンヒノキ（*C. taiwanensis*）の心材部分から新規の化合物を世界に先駆けて単離した。彼らによって新成分はヒノキチオールと命名され、化学構造も決められた。

ヒノキチオールは天然から始めて単離された七員環（トロポロンと呼ぶ）構造をもつ、珍しい化合物でした。野副らの研究は第二次世界大戦が始まっていたので、困難かつ苦労の連続でした。また、情報交換もままならない時代であったので、研究成果の公表もままなりませんでした。このため、この珍奇な成分の研究の名誉、世界で始めて論文を公表すること、新規化合物に命名することなどの点で後れを取った。この競争を制したのは、比較的平穏に研究を進められたスエーデンのH.エルトマンのグループであった。彼らはこの成分をβ-ツヤプリシンとして報告した。このような理由で、β-ツヤプリシンという呼称が国際的には通用している。

【著者の寸評】　木化や心材化などを究めようとする基礎研究は重要かつ大切であるが、残念なことに、こうした研究は日本では活発でなくなった。改めて、木化、心材化など研究は森林環境や木質資源利用を考究する上で不可欠だと著者は指摘しておきたい。また、基礎研究は地球とその住人たちの明日のために必要だと著者は考えるのだが、昨今の日本の大学では研究者が基礎研究に没頭できなくなった。若者が電卓片手に研究費獲得を日々思案しているようでは、その国の研究はたかが知れている。こんな国の将来が危ぶまれてなりません。若い研究者が基礎研究に専念できる環境の整備と充実こそが急務である。

【参考資料】・阿部勲ら著編（2010）、『木の魅力』、海青社。

○　「アレロパシー」って何？

・植物の生成成分がその生育に影響を及ぼす

江戸時代初期の儒学者、熊沢蕃山は自著「大学或問」で、アカマツの露はその根元に芽吹く草や作物に有害であると述べている。植物の保有する成分が、植物を含む他の生物の生育や生長に影響を及ぼすことは、古くギリシャ、ローマの時代から知られていた。近年、理科学機器や化学分析技術が著しく発展したために、植物成分の化学構造や生理化学的機能に関する研究はめざましく進展した。そして、その成果も諸方から注目されている。

さて、ここで注目する科学概念はアレロパシー（allelopathy）としてまとめて語られている。この用語、アレロパシーは1937年、H.モリシュがギリシャ語の“お互いの”を意味するalleloと、“影響を受ける”を意味するpathosをつないでつくった造語である。日本では“他感作用”と訳されている。モリシュはallelopathyとは、“生態系中にあって、植物が生成して環境に排出している化学物質が他の植物（時には微生物や動物）に対し、直接または間接的に作用を及ぼすこと”と定義した。その後、“多感作用の発現に介在する化学成分”をアレロケミカル（allelochemicals、多感作用物質）と呼ぶようになった。

・生物と生物の関わり合いと仲介成分

植物が自然界で引き起こしている現象は種々様々である。例えば、焼き畑や放棄畑などでは、まず、雑草が侵入してその場を占有する。次に、イネ科などの植物が侵入し、先住の雑草と鬩（しの）ぎ合う。そして、主役が変わる。その後も、侵入植物は次々登場してくる。この一連の現象を“遷移”と呼ぶ（タンポポを知れば、植物のすごさがみえてくる参照）。

植物による遷移現象には多感作用物質と呼ぶ植物成分が介在している。植物の顔ぶれ交代、すなわち、植物相の交代に関する研究は最近、進展している。山野では植物の交代は幾度も繰りかえされている。この間、ある植物による場の占有が数十年もの長きに及ぶ場合もある。遷移現象はブナのような樹木の占拠によって一段落する。ブナが占拠した状態を"極相"と呼ぶ。まだ研究不十分であって、十分に説明できない場合も多いが、遷移には多感作用物質が関わっていると考えてもよいであろう。

植物の栽培現場では、"忌地"、"連作障害"などは日常的な問題である。忌地とは、同じ場所で同種または近縁の植物を何年も続けて栽培していると、その生育が鈍り、収穫量を著しく減らす現象のことである。また、ある作物を同じ畑地で続いて栽培し続ける(連作という)と、収穫量が次第に減ることも知られている。この現象は連作障害と呼んでいる。

なお、お百姓さんなどプロの植物栽培家は、性質の異なる作物を年ごとに違えて栽培する、"輪作"と呼ぶ栽培手法を導入して忌地や連作などの障害の発生を回避している。また、忌地や連作障害にも多感作用物質が関わっていることを注意喚起しておきたい。

連作障害の発現では、畑に侵入する病害虫が引き起こすような場合も知られているが、現実には、作物を栽培後、畑地に取り残した植物遺物が原因となることのほうが多いとされている。すなわち、栽培植物の保有成分、あるいはその分解途上成分(これらも多感作用物質)が新たに播いた種子の発芽を阻害したり、発芽した若苗の生育を阻害するのである。

例えば、アスパラガス、スイカ、トマト、エンドウなどの連作障害は、多感作用物質の作用によることが確認されており、原因の化合物名は記載順に、アスパラガス酸、サリチル酸、フェノール性酸、フェノール性酸と特定されている。

・生物間の良好な関係

畑で目的とする作物植物と、異なる植物とを一緒に栽培すると、本来の作物の生育が悪くなる、という、相性の悪い組み合わせが数多く知られている。これとは逆に、相性の良い組み合わせの植物も数多く知られている。このような事例の多くは植物栽培の長い歴史の中で、植物栽培者たちが経験的に見い出したものである。

例えば、植物栽培上、好ましい組み合わせの作物である。アスパラガスとトマト、カボチャとスイートコーン、カブとリンドウ、キュウリとマメ類、タマネギとカミツレ、ブドウとニレ、レタスとキャベツ等々、これら異種植物の同時栽培はいずれも、生育をお互いに助長するのである。

加えて、インゲン類とクジャクソウを混植して栽培をすると、クジャクソウが害虫、Mexican bean beetle を駆逐してくれる場合もある。同様に、リンゴとノウゼンハレンの場合では、ノウゼンハレンがリンゴワタムシを駆除してくれる。

ここに例示したような作物栽培上、望ましい組み合わせを“共栄植物”と呼んでいる。共栄植物は有機農法の現場で昨今、注目されている。ここにも多感作用物質が介在すると指摘されているが、この詳細は今後の検討の進展に期待したい。

【著者の寸評】　多彩な植物と、それらが生成する多感作用物質に関する研究は興味津々である。こうした研究の成果から新しいタイプの生物農薬、微生物農薬などの新規開発へと研究が展開されることが望まれている。また、肥料や除草剤の使用量軽減、環境に優しい農業・農法の構築などの面でもおおいに注目されている。さらには、人自身に有用な新薬の創生などの面への応用の芽も潜んでいるなどと考えられている。このように多感作用物質に関する研究には夢がある。元気な若手研究者がこの分野へ多数参入され、貢献されることを老骨は渇望している。

【参考資料】・藤井義晴 (2006)、「多感作用：アレロパシー」、『プラントミメティックス 植物に学ぶ』、524 頁、エヌ・ティー・エス。

○　種蒔きいろいろ、用心棒にたのむカタクリ

・用心棒とカタクリ

用心棒とは映画やテレビのドラマによく出てくる人物である。用心棒は博徒の親分などが、自身の身を護ってもらう、自分の組織の維持を助けてもらうなどのために雇う武芸者のことである。親分は武芸者が修得した武術能力に期待している。

一カ所に根付き、行動が限られている植物の中にも、博徒の親分のように用心棒と関係をもって自然界を生き抜いているものがある。この場合、雇用主である植物は用心棒の戦闘能力ではなく、用心棒本来の習性に注目して雇用契約を結んでいることが多い。

春の中頃、森や林の木々の元で直径５cmほどの紅紫色の花をつけ、色彩に乏しい森や林を彩る植物がある。名をカタクリと呼ぶ。カタクリは草本性植物で、ユリ科に属している。花は単性花で、形がおもしろい。頭（こうべ）を垂れたように咲く。なお、花弁は反り返っているので、寂しい春の森や林で懸命に自己主張しているかのようである。カタクリは北海道から九州に至る森や林に分布しており、群生することが多い。

著者も山行の途中、カタクリが群生し、花が咲き競っている花園に足を踏みいれたことが何度もある。花園は壮観で美しく、どの折も心がなごんだのを覚えている。同時に、カタクリの花園は著者に驚きと感動を与えてもくれた。参考までに、カタクリの鱗茎（球根）は和菓子などの製造で珍重されている上質のデンプンを保有している。カタクリデンプンのような上質デンプンを“片栗粉”と呼ぶのをご存知の皆さんも少なくないでしょう。話が少し脇道にそれたので、本筋にもどそう。

・カタクリの繁殖戦略とボディガードの雇用

カタクリは落ち葉に覆われた林床にあり、早春一番、他の植物に先駆けて活動を始める。カタクリは森林の上層を形成している落葉性広葉樹などがまだ葉を展開しない頃から活動し始める。光合成に必須の陽光を独り占めするためである。カタクリは植物の生育・生長上、有利なやり方を獲得、すなわち、賢く進化した植物である。

カタクリは陽の光が林床に降り注いでいる間に、葉をすばやく展開し、花を咲かせ、種子を育むなど、一年分の活動を短期間でやりとげてしまう。当然、その地上部は早々と枯れてしまう。こんなカタクリは用心棒と契約している。カタクリは自身の年間生理活動の終盤に用心棒の手を借りるのである。

カタクリの用心棒はアリ類である。具体的にはムネアカオオアリ、クロオオアリ、トゲアリ、アシナガアリ、トビイロケアリなどである。アリたちはカタクリの年間活動の終盤に生産した種子の散布を請け負う。彼らは習性にしたがって、カタクリの種子を自分たちの巣穴にせっせと運びこむ。

カタクリが根付いていた所から離れたアリの住処に持ち込まれた種子から、アリは自分に支払われた報酬、“エライオソーム”部分だけを抜き取る。アリはこの後、種子を巣穴から放り出してしまう。アリのこの行為こそはカタクリとの契約の履行である。アリたちはカタクリの種子を遠くに運び、播いたのである。この行動によって、アリはカタクリとの契約を履行したことになる。アリはカタクリの生命を明日につなぐという大仕事をさりげなく成し遂げたのである。カタクリとアリの関係は共生の一つの事例として見ることもできる。

さて、アリがカタクリの大切な仕事を代行して得た報酬、エライオソームについて話しておこう。エライオソームはカタクリの種子の一部分であるが、この組織は種子の発芽には必要ではありません。この報酬はカタクリが種子の一部として前もって準備しておいたものである。エライオソームはアリには嗜好性のある餌であり、主に油脂成分から成っている。

カタクリのように、エライオソームがくっついた種子を前もって準備し、アリなどに種播きを頼む、“アリ散布型の植物”は他にも、ユリ科、スミレ科、ケシ科などの植物の中に散見できる。ちなみに、アリが種播きしたカタクリの種子のうち、次の春に芽生えるのは10%程度である。これも自然界の効率を知る一つの事例である。カタクリのようなアリ散布型植物が絶滅することなく、命を先につないでいるのにアリが寄与しているためである。改めて、生物界の関わりの多彩さには感心する。

・植物の種蒔きいろいろ

最後に、植物にとって大切な生理活動の一つ、次世代の担い手を潜ませている種子や果実を散布する方法、すなわち種蒔き法を大略まとめておく。多種多様な植物だけあって、種蒔き方法もいろいろであり、興味深い。

植物たちの種蒔きの方法は通常、①　自力で散布する、②　風力に依存する、③　水の流れる力に依存する、④　動物に依頼するなどと、四大別される。種蒔き方法それぞれについてさらに補足しておく。

①の方法を専門家は、はじき飛ばす、つる組織の展開によって親の根本から離れたところに種をまく、周辺に落下させるなどと、さらに細かく分けて播種方法を考え、説明している。

②の方法についても同様に、綿毛で飛散させる、種につけた翼を回転して飛散させる、鞘に風を受けて飛散させる、微小なために空中に漂い、散開させるなどと分けている。

③の方法については、雨水にのせる、河川などの流水に浮かせて移動させる、水中に沈めて移動するなどと分けている。

④の方法については、ここで取り上げたカタクリとアリの場合に加え、動物に食べられる、かぎ爪で動物に付着する、粘液で動物に付着するなどもある。

さらには、専門家は上記したように、中分けした各事項をさらに細分、小分けして説明することもある。

【著者の寸評】　ここで披露した、種蒔きにおけるカタクリとアリの関係は、地球とその住人たちの環境修復事業における植物と人の関係に重なってみえる。人の働き方、貢献もアリの場合と同様、誠心誠意の仕事ぶりではなく、何とはなく行っているというような情況の下で事が進んでゆくのがあっても良いのではなどと、思い居る老爺の昨今です。

【参考資料】・小林正明（2007）『花からたねへ、種子散布を科学する』、全国農村教育協会。

○　花の咲く時期で人気に差、
　　春一番のマンサクの場合は

・マンサクとその仲間

春は未だ遠く、寒気が深々と冷え込んでいる２月末の頃、庭の日だまりの中、他に先駆けて樹冠いっぱいに黄色の花をつけ、甘い香りを周りにまき散らす花木がある。その名をマンサクと呼ぶ。呼称のいわれについては、他に先駆けて“まず咲く”ためだとも、この花木の花つきの良い年は五穀が“豊作、満作”になると信じられていたためだともいう。マンサクは日本で人気のある花木の一つである。

マンサクは学名を *Hamamelis japonica* と言う。種小名から分かるように、日本が原産の植物であって、マンサク科、マンサク属に分属されている。樹高は３～４ｍほどで、落葉性の木本性植物である。参考までに、日本では春先、マンサク同様に黄色い花を咲かせるトサミズキやヒュウガミズキなども知られているが、これらの花木もマンサク科のトサミズキ属に分属されており、マンサクとは生物学的にはごく近い関係にある。

マンサクは北海道の南部から沖縄にかけて分布しており、気温適応性のよい植物である。マンサクにはアテツマンサク（*H. japonica* var. *bitchinensis*）、マルバマンサク（*H. japonica* var. *obtusata*）などの変種も存在する。また、マルバマンサクには葉裏が帯白色のウラジロマンサクを始め、黄色の花ではなく、花弁の赤いアカバナマンサク、花弁の基部だけが赤いニシキマンサクの一型類なども存在している。

・海外のマンサク

世界でもマンサク科、マンサク属に属する植物は数多く知られている。そのうちでも、代表的なマンサクの双壁を挙げるとすれば、中国産のシナマンサク（*H. mollis*）とアメリカ産のアメリカマンサク（*H. virginiana*）であろう。

シナマンサクは日本産マンサクよりもやや大型であって、樹高は３〜７ｍにもなる。花の時期は本邦産種よりもさらに早く、12 月から１月にかけてである。花をつける樹木が大変少ない時期であるので、よく目立つ。この花の色は黄金色で、その基部だけが赤または赤褐色である。花の香りも日本産種よりも強い。なお、シナマンサクは開花時期になっても、前年の枯れた葉が枝に残っているのが特徴である。日本産種は秋に落葉してしまう。この差は日本産種との簡単な識別拠点である。今日では、シナマンサクから多くの園芸品種が作出されている。

一方のアメリカマンサクであるが、樹高は２〜５ｍ程度である。自身の葉が黄色く色づき始める頃、すなわち、９月から 11 月にかけて花をつける。このため、アメリカマンサクはかの国では「地味な花木である」との評価が定着している。花に乏しい冬から春先にかけて花をつける東洋産マンサク類とは趣や存在感が違ってしまうのはやむを得ないことでありましょう。

アメリカマンサクには花数が少ないという性質があるが、花の色は鮮やかな黄色である。また、アメリカマンサクは樹勢が強いので、日本では接ぎ木の台木として利用されることもある。マンサク類とは種によって花の開花時期が違うなど、自然の造形物、植物の多様さ、人気の違い等々、いろいろ教えてくれる、具体的な存在である。

・マンサクの品種改良と栽培

世界のマンサク類はそれぞれが個性的であると言ってよいだろう。いずれも可愛い花木であるので、園芸品種が数多く作出されている。例えば、*H. japonica* x *H. mollis* という品種は、黄色の花が大きく華やかである。また、ベルギーで改良され、ダイアナと名付けられた園芸品種は赤色の花がつき、西欧のマンサクの代表的な存在となっている。

イェレナ種は黄色に銅赤色が混じった花が美しい品種であり、秋の紅葉も美しい庭木としての評価も受けている。魔法の火を意味するフォイエルツウヘバー種は花色が橙色で、樹勢の強い品種である。ルビーグロー種も花が銅赤色で、樹勢が強い。ウインタービューティ種は和田弘一郎が作出した品種で、矮性である。花は黄色で、香りが強いのが特徴である。他にもブレウィペタラ、パリダ、ゴールドクレスなども有名である。

マンサクは一般に病害虫に強く、増殖し易い花木である。マンサクの増殖には今も、取り木や接ぎ木などの手法が適用されている。取り木は３月中頃、小指の太さ大の枝を選んで、環状に剥皮し、この部分を水苔で球状に包んで放置する。翌春、球状部分をマンサク本体から切り離して鉢などに移植する。あるいは、小指の太さ大の枝を選び、これを曲げて地に這わせ、接地部分に土を乗せて放置する。翌春、出葉前に本体から処置部分を切り離して鉢などに移す。一方、接ぎ木は３月中頃に処置するのがよいとされている。

マンサク類の場合、成木の移植や苗木の植え付け適期は11月から３月上旬までである。加えて、マンサク類の植え付け適地は日当たりと水はけのよい、肥沃な土地である。ただし、乾燥をきらう植物なので、留意したいものである。また、マンサク類の施肥は１、２月に堆肥を鋤き込んでやるとよい。花つきの悪い木には５月中旬から６月初めにかけ、油かすや配合肥料などを撒いてやるとよい。剪定は花が咲き終わった後に行う。次の年に開花を望むならば、梅雨前までに剪定は済ませておきたい。

【著者の寸評】　マンサク科植物について、さらに少し加筆しておく。

この科の植物にはマンサクのように両性の異花被花をもつ種がある。一方で、フウのように単性の無花被花からなる球形の頭花をつくる種もある、マンサク科は珍しい植物グループである。また、花冠の色だけでも紅、黄、白と変化に富んでいる。事実、マンサク科植物は科全体としてのまとまりがなく、分類学ではいくつかの亜科を置いたり、フウ科が別途たてられたりもしている。また、世界全体で知られているマンサク科植物は26属であるというが、半数は単独の属に配されることもあるので留意したい。マンサク科植物は個性的な植物グループである。

【参考資料】・川原田邦彦監修（2007）『見てわかる花木の育て方 苗木の選び方から殖やし方まで』、32頁、誠文堂新光社。

○　マングローブの住処（すみか）は河口部

・マングローブとは

地球上には多種、多様な植物が生息している。こうした植物の中には、過酷な環境でも生き抜けるように変身を遂げた変わりものも出現している。例えば、河川の河口部である。ここは定期的に海水に曝されるので、河川水は塩分濃度が高くなったり、低くなったりを繰り返している。また、上流から送り込まれる汚泥が沈積して層を成すので、通気性が悪く、無酸素状態の場と化してもいる。こうした場を生育地として選び、群生する植物たちがある。このたくましく、風変わりな樹木植物を“マングローブ”と総称している。

マングローブは赤道を挟む熱帯地域を生育最適地としているが、その生育可能地域は南北32～33度までに及んでいる。また、マングローブは通常、海の沿岸部や河川の河口部にまとまって生息している、すなわち、河川河口部に“群落”を形成するのだ。マングローブが形成する群落を“マングローブ林”、“紅樹林”などと呼ぶ。

・マングローブの分布

マングローブには世界に17属、70種の仲間が存在している。マングローブは多彩な植物の中にあって、こぢんまりとした植物集団である。なお、日本には6種が生育している。日本のマングローブの一つ、メヒルギ（ヒルギ科）は暖帯である九州南部（鹿児島県喜入町）でも見かける。喜入町はマングローブの日本における北限の地である。メヒルギは丈、すなわち樹高が低く、草と見まごう姿をしており、存在感に乏しい樹木である。なお、マングローブの樹高は一般に、赤道に向かうほど高くなり、存在感も高まる傾向にある。

マングローブの世界的な分布傾向について概略述べておく。まず、東西方向で比べると、分布、生育する種数に著しい偏りがみられる。マングローブは通常、東のインド洋・太平洋型と、西の大西洋型に二大別するが、種の数は前者が後者に比べて６～７倍多い。ちなみに、大西洋型はわずか 10 種である。この事実には地球の歴史的な事情、大陸創生などが深く関わっている。

続いて、南北方向についてもマングローブの分布傾向を比べてみる。こちらも既に述べた日本の場合のように、分布する種数に顕著な偏りが認められる。北限や南限付近に生息するマングローブは種類が少ない。一方、赤道付近では種類が多い。この事実からもマングローブの生育最適地が赤道付近であることがうなずける。

日本におけるマングローブの分布について今少し追加、補足しておこう。鹿児島県ではヒルギ科のメヒルギだけが存在するが、南へ下ると、同じ科に属するオヒルギも出現する。沖縄本島ではヒルギ科のヤエヤマヒルギ（別名をオオバヒルギ）も出現するようになり、マングローブの顔ぶれは増える。沖縄本島よりもさらに南、西表島ではマヤプシキ科のマヤプシキ（ハマザクロ）、シクンシ科のヒルギモドキ、クマツヅラ科のヒルギダマシなどの種も出現するようになり、顔ぶれは一段とにぎやかになる。

・マングローブの特徴

マングローブが劣悪な環境でも生育するのは、独特の進化をとげたためだとされている。マングローブは幹からタコの足状に多数の支柱根を出し、軟弱な泥中でも倒れないように工夫をし、対策した。また、マングローブは枝から伸びる、多数の気根を形成するようにもなった。この結果、無酸素状態の汚泥の地でも生育可能になった。なお、マングローブの気根形成はラン科植物と似ており、植物の新しい進化の方向性がうかがえる。

さらに、マングローブは好塩性や耐塩性といった能力をも高めることにも成功したので、海辺で容易に生育できる。なお、好塩性や耐塩性という能力を具備した植物を“塩沼植物”と呼ぶが、マングローブ植物もその一角を占めている。マングローブは河川河口部という劣悪な環境を克服する仕組みを獲得し、その能力を整えながら進化している、たくましい植物の一集団である。

・マングローブの種子

マングローブの中には、潮の干満のある場所でも種子が蒔ける、すなわち、種子を定着させて発芽できるように進化をとげたものがある。この場合、干潮の時に露出する汚泥土面にすばやく種子を播き、定着させねばなりません。種子が満潮時の上げ潮によって流されてしまう前に根付かねばならないのである。なお、このような目的に適応するようになったマングローブのような種子を、専門家は“胎生種子”と呼んでいる。

マングローブの一部は種子が熟しても、急いで落下しません。引き続き、親木に留まっている。この種子は親木から栄養分を受けとり続け、細長く伸長し、形状が変ってゆく。また、この変身した種子は播種、すなわち落下の前に根の原基の分化を完了するといった工夫も身につけている。

マングローブの細長くなった種子は落下するだけで、自身の長さの三分の一ほどの深さにまで潜り込ますことができる。この結果、その後、満ちてきた潮と出会っても、種子が浮き上がって流されることはありません。なお、このような種蒔き法はマングローブ全般に共通する方法では有りません。違った種蒔きする種類も多々存在しているので、留意したいものである。

マングローブの樹皮には 20～30％にも達する量のタンニンを保有するものがあるので、これらの樹皮を蒸留してタンニンが得られている。得たタンニンは皮なめし、漁網などの染色などに使われている。

加えて、マングローブ樹皮の水性エキスは“マングローブ・カッチ”と呼び、収斂剤として使われている。また、マングローブの木材は薪炭用材として使われている。

マングローブは人の生活と深く関わっており、いろいろな利活用の実績がある。さらに、より大切な点であるが、マングローブは熱帯地方の海浜や河口の環境維持上、不可欠の存在として機能していることを強調しておきたい。

【著者の寸評】　ついでに、マングローブについてさらに一言附記しておこう。マングローブと沼沢の関係である。熱帯や亜熱帯の河川河口域は通常、遠浅である。このような場所には懸濁性の沈殿物が滞留し易い。マングローブの気根がこうした沈殿物の補足を手助けしている。なお、このような所を“潮間平地”と呼ぶが、潮間平地は海に向かって伸長し、次第に拡大してゆく。

【参考資料】・小見山章（2017）『マングローブ林 変わりゆく海辺の生態系』、29 頁、京都大学学術出版会。

○　植物とパラサイトの間柄

・生き物たちの係わり合い

昨今、“パラサイトシングル”という言葉をよく耳にする。この場合のパラサイトシングルとは、何時までも親と同居して、日常生活における多くの部分を依存する。例えば、食事や家事、居住などにかかる経費、手間、暇などを親にちゃっかり頼って独身生活を満喫している女性、時には男性を指すそうである。「なかなかうまい表現をしたものだ」と、著者は感嘆、感心することしきりである。

さて、本来のパラサイトとは寄生者のことをいう。生物界に君臨している植物であっても、自然界を単独に生きているものはなく、他の生物と関わり合って生きている。関わり合いの相手は微生物の場合が多い。微生物は植物の相棒の多数派である。換言すると、植物の多くは微生物を寄生させている。

生物界における宿主と寄生者の関係は普通、寄生、共生、競争、そして独占（凌駕）などと、時とともに変わりゆくのが普通である。著者がここで注目するのは、寄生者が微生物の場合である。例えば、最も進化した植物であるラン科植物の一群は、パラサイト微生物をより積極的に利用し始めた植物群である。

こうしたラン科植物は自ら機能できる光合成能を保持しているので、光合成産物を手にすることができる。これに加え、共生している微生物が分解した産物を利用するといった、より複雑化、多様化を先頭を切って始めた植物界のパイオニアだと言えよう。

参考までに、ヤドリギ類もラン科植物の一群と同様に、自身は地中から水や養分を吸い上げて自分の糧を生成している。しかし、これらの中には光合成機能を機能させないものも出現している。他の樹木に取り付き、その枝などの中に特殊な根を侵入させ、宿主である樹木から樹液などの糧を吸い取って生長している、ちゃっかりした植物なのである。

・植物進化の方向性、多様化

生き物が複雑になり、多様になることは進化の基本的な方向、すなわち、有り様だと理解されている。最近では、ホスト（宿主）とパラサイト（寄生者）という基本的な関係に加え、パラサイトにパラサイトが寄生するという、複雑な生き物間の事例も知られるようになった。これは宿主だけでなく、寄生者に関する研究が進められたための成果である。

ここで、トマトとこれに青枯れ病を引き起こすバクテリアの関係、すなわち、ホストとパラサイトの関係を紹介してみよう。参考までに、トマトは青枯れ病菌だけでなく他にも、多数のパラサイトが存在することが明らかになってきた。例えば、ここで注目した、トマトに青枯れ病を引き起こすバクテリアに寄生するパラサイトの存在例も明らかになっている。この場合はパラサイトにパラサイトが存在する例であり、トマト栽培農家は当初、都合の良い、小さな救世主が出現したのではと、注目し、大いに期待した。

・トマト、青枯れ病菌、そしてバクテリオファージ

トマトに青枯れ病を発症させているのは、バクテリアに寄生するパラサイトであり、その正体はバクテリアよりも小さなウイルスであった。このウイルスはバクテリア体内に寄生する細菌寄生性ウイルスであったので、専門家はこれを“バクテリオファージ”と呼び始めた。バクテリオファージは肉眼はもちろん、光学顕微鏡でも見ることが出来ず、電子顕微鏡でやっと見える大きさである。しかも、トマト青枯病菌に寄生するバクテリオファージは自然界に細菌の種数ほどに存在すると言われだしたので、著者は仰天している。

ここで、バクテリオファージのバクテリア攻撃の様子についても

概略説明しておこう。あるバクテリオファージは一つのバクテリア内に侵入し、その中に自分のDNAを排出する。すると、当該のバクテリアは自分本来の増殖活動を停止し、バクテリアファージのDNAを次々にコピー、すなわち複製し始める。

さらには、当該バクテリアはこれらDNAを包むタンパク質の衣までも生成する。バクテリオファージの完成体をせっせと生成し続けるのである。バクテリオファージ完成体の増産が終わると、完成体はバクテリアを破裂させ、周辺に放散する。放散された完成体は次の標的、バクテリアを物色して侵入する。この間の所用時間は数分と、極めて短いのが注目点である。

この分野の研究が進むにつれ、バクテリアの増殖スピードは通常、バクテリア内でバクテリオファージを生成する時間よりも早いのが普通であることが分かった。すなわち、ホストは素早く大量増殖するが、バクテリオファージはゆっくり増殖して攻撃し始めるのである。残念ながら、この場合の現実はトマト農家が抱いた密かな期待、生物環境の開発につながるとは違っていた。

細菌の種類だけあると言われているバクテリオファージ、すなわち、パラサイトのパラサイトを使って細菌パラサイトを駆除しようとする考えの下で、有効なバクテリオファージ探しは今も続いている。換言すれば、今も述べた生物農薬の開発をめざしているのだが、この目的の達成はなかなか困難なようである。

【著者の寸評】　本題のバクテリオファージ探しの現実は難しいものであった。蛇足であるが、本稿の冒頭で話題にしたパラサイトシングルたちのパラサイト探し（連れ合い探し）も、本来のパラサイト探しと同じような状況にあるようだ。少子化、そして子どもの自我意識が著しく高くなった今日の日本では大変難しいことだと著者は斟酌している。

【参考資料】・岸國平（2002）『植物のパラサイトたち 植物病理学の挑戦』、八坂書房。

○ 光合成を忘れたのか、ギンリョウソウ

・森の変わり者、ギンリョウソウ

植物はソーラーカーと似ている。ソーラーカーは最初、太陽の光エネルギーを電気エネルギーに変換する。変換された電気エネルギーによって電動モーターを回転、駆動する。電動モーターが車輪を駆動するので、ソーラーカーは動く。

植物もまず、太陽の光エネルギーを化学エネルギーに変換する。変換した化学エネルギーによって二酸化炭素と水からグルコース（時にはデンプン）を生成して貯える。さらに植物はグルコースを化学的に変換し、この時に発生するエネルギー受容体（高エネルギー燐酸化合物）を使って日々の生理活動、開花から受粉・受精にいたる生殖活動などを行なっている。

最も進化している被子植物は４億年を越える、大変長い時間をかけて、27 万種を数える多種、多様な仲間を抱えるまでに充実、発展した。そして、現在、その発展を自然界で謳歌している。このような中、被子植物にはいろいろな変わり種も出現するようになっている。ここでは変わり種の一群を俎上に上げて話をする。

晩春から初夏にかかる頃、岐阜市周辺の山の中などを散策していると、湿った腐葉土が林床に厚く積もった所に足を踏み入れることもある。こうした所では全身が白っぽい半透明で、頭（こうべ）を垂れたように白い花をつけている、かわいい生き物によく出くわす。

この生き物は高さ 10～15cm ほどで、小さな白い花を咲かせるので、植物である。この奇妙な植物の正式名はギンリョウソウと呼ぶ。ギンリョウソウはユクレイタケ、ナンバンギセル、スイショウラン（漢名、水晶蘭）などの別名ももっている。ギンリョウソウは普通の植物とはいろいろな点で違っている。

・ギンリョウソウの横顔

最初は、ギンリョウソウとその名称についてである。名称のいわれは次のように伝えられている。この植物は白い鱗のような葉と、下向きの白い花をつけた珍しい姿をしている。この姿、下向きの花を龍の首に、鱗片状の葉を龍の鱗に見たてて命名されたという。なお、ギンリョウソウは漢字では、銀龍草と書く。

ギンリョウソクがユウレイタケと呼ばれているいわれについても述べておこう。ギンリョウソウが薄暗い林床に、ぼやっと頭をもたげている姿を小さな幽霊に見立てたことにある。著者はギンリョウソウの実物を見たことがあるだけに、ユウレイタケとの呼称は上手に命名したものだと感服したのを思い出している。

ギンリョウソウはイチヤクソウ科、ギンリョウソウ属に属する多年生植物の一群である。この植物は、北は南千島やサハリンに、南や西は台湾や朝鮮半島にまで分布している。日本を中心に、かなり広い範囲に分布している植物である。参考までに、ギンリョウソウは日本に 11 種類の仲間が分布している。ついでに、この変わり種(だね)は種子も本体や花と同様に、白色である。

ギンリョウソウが白いのは、光合成活動の中心器官である葉緑体を持っていないためである。この変わり種が自然界を生きていけるのは、寄生する微生物が落ち葉などを分解、生産してくれる養分を摂取できることにある。当然、変わり種はこの養分だけで催花、種子生産など、一連の生理活動を成し遂げている。参考までに、光合成能をあてにしないで、腐植土を頼りとしているギンリョウソウのような植物を“腐生植物”と総称する。

ギンリョウソウは植物に一般的な根らしきものを有するだけである。事実、変わり種にはおがくず様の組織が丸まり、塊状へと形を変えた暗褐色の根を持っている。この変わり根の中には、落葉を分解できる担子菌や子のう菌が存在して共生している。この植物が必要とする腐葉土分解物をこれら菌類が供給してくれている。

ギンリョウソウは花の時期が終わって、実（果実）が熟し始める時期になると、垂れていた果実をもたげて直立する。そして、直立した果実から多数の小さな種子を周辺にはじき飛ばす。これが、この変わり種の種蒔きの有り様である。

・ギンリョウソウを大切に!!

ギンリョウソウは人工的に栽培することが極めて難しい。成功事例はまだないと聞いている。この珍種は手元に取り込んで育てる植物ではなく、山歩きの途中などに思いがけなく出くわすことを大切にしたい貴重な植物の一つであると、著者は常日頃思っている。このような植物が自然界にいくつか存在していても良いのではありませんか。著者はこんなギンリョウソウに思いを寄せて、拙くも詠じてみた。無理重ね　育てるなかれ　幽霊は　山に育つを　愛でるに如かず　（英雄）

本稿を結ぶにあたり、変わり者、ギンリョウソウのような、進化の先駆けとも言える植物が他にも存在するので、列記しておく。ラン科のオニノヤガラ、ツチアケビ、サカネラン、タシロラン、ショウキランなども完全に葉緑素を失った、変わり者植物である。自然界にはこの他にも、マヤランのように光合成能力をまだ残存させている、中間的な存在のラン科植物も知られている。なお、このランはイチヤクソウ科のギンリョウソウと同じ腐生植物の範疇にいれてもよい植物種であり、菌類をパートナーとして自然界を健気に生き始めたパイオニアの一つである。

【著者の寸評】　もう一言付け加えておこう。上記のヤマランのように、ラン科植物の中にはいち早く、次の時代をにらんで進化の方向性の一つを明快に具現している植物種がいくつか出現している。本稿の最後でも述べたが、こうした植物たちは進化において、果敢に挑戦している先端的で、けなげな植物種であると理解してやるべきでありましょう。

【参考資料】・大場秀章監修（2001）『おもしろくてためになる植物の雑学事典』、日本実業出版社。

○　今を生きるウラジロとその仲間たち

・ウラジロとその仲間

植物の組織形成には導管や仮導管などと呼ぶ細胞も関わっている。また、これらが束状に集まって形成された組織を維管束（いかんそく）（系）と呼んでいる。維管束系は水や養分の通り路として機能している。また、植物体を支える役目をも担っている。なお、維管束系を形成するようになった植物は陸上での生存をより確かなものとし、その後の大発展へと導いたことを皆さん方に注意喚起しておく。維管束系をもつようになった植物のうち、植物史上始めて繁栄した植物大集団がシダ植物である。こうしたシダ植物の中には巨大化した木生シダ類が含まれる。

さて、ウラジロ（裏白）である。このシダ植物は正月、三宝などの上に敷かれ、その上に鏡餅をのせて飾られている。この植物は葉表が鮮緑色であり、葉裏が淡い緑白色を呈している。ウラジロはワラビやゼンマイと並び、日本に現存するシダ植物の代表である。なお、世界には今でも、約１万種のシダ植物が棲息し、分布している。ここでは植物史上、一時代を築いた植物大集団、シダ植物あれこれをウラジロを例に引きながら話してゆく。

“山柴に　うら白混じる　竈（かまど）かな（重五）”という俳句がある。山で集めてきた柴の中にウラジロが混ざっていた。この柴の木を竈（かまど）で焚くのはめでたいことだとの意味の句である。この句のように、ウラジロは縁起の良い植物として昔から認識され、珍重されてきた。そして、何時しか、正月の飾り物には欠かせない吉祥植物となっていた。ウラジロが繁殖力に富み、強いことを子孫の繁栄に、左右相称であることを夫婦の和合に、そして、葉裏が白いことを共白髪にみたてて、「ウラジロはめでたい」と評価するようになったとされる。

ウラジロは新潟～福島以南に分布する常緑草本性シダ植物である。葉は長さ 50～100cm であり、葉柄の先端は二回羽状に深く裂けている。なお、ウラジロは分類学ではシダ門、シダ綱、シダ目、ウラジロ科、ウラジロ属に区分し、帰属している。また、日本にはウラジロ科のシダ植物は他にもカネコシダなど２属、３種が分布している。参考までに、ウラジロの葉裏が白いのはロウ（蝋）成分が分泌し、沈積していることに因る。

・シダ植物のあれこれ

ウラジロを含むシダ植物は長い生命の歴史も持った植物集団であり、その歴史は今から４億年以上前（地質時代の古生代、シリル期）にまでさかのぼれる。胞子で繁殖するシダ植物は約３億 5,000 万年前に繁栄期を迎えていて、それは１億 5,000 万年ほど続いたとされる。シダ植物が特に繁栄した時代は古生代、石炭期（3.69～2.86 億年前）である。今日、採掘されている良質石炭の多くはこの期間に繁栄を極めた大形木質シダ植物の遺骸である。

現存するシダ植物はかって大繁栄したシダ植物の末裔である。ついでに、シダ植物大繁栄の古生代、石炭期の時代、次の時代に繁栄を極めることになる、裸子植物の先祖もすでに出現しており、進化し続けていたことも書き添えておく。このことは爬虫類である恐竜たち全盛の時代に哺乳類の祖先がすでに出現していたのと同じレベルの話である。

シダ植物は分類学において、植物や動物を大きく分ける単位、“門（phylum)”では、シダ門が設けられ、括っている。このシダ門はプシロフィトン（裸茎植物)、マツバラン、ヒカゲノカズラ、トクサ、（真性）シダの五つの綱（class）に大きく区分されている。改めて言うまでもありませんが、シダ門は進化学上、苔植物門と裸子植物門の中間に位置付けられている。また、シダ植物は隠花植物と呼ばれるように、花を咲かせられない植物集団であるので、当然、果実や種子はつくりません。

・シダ植物の世代交代

シダ植物は世代交代をするのが特徴の植物である。一方の世代を無性生殖の世代という。この世代は胞子を生じるので、“胞子体世代”と呼ぶ。胞子体世代のシダは比較的大きな植物体になり、水や栄養分を移送する組織である維管束組織が内在する茎を持っている。また、葉や根も有する。ついでに、胞子は葉に付着した胞子嚢の中につくもの（シダの仲間）、特殊化した鱗片が集まった胞子嚢穂の中につくもの（トクサやカニクサの仲間）、そして、特殊化していない茎の葉腋につくもの（マツバランの仲間）に三分されている。

もう一方の第二世代では、シダ植物は有性生殖の“配偶体世代”として過ごしている。この世代のシダの植物体は一般に小さく、茎、葉、根などの分化もみられません。雄性器官（造精器）と雌性器官（造卵器）を同一の個体に生じたり、時には異なる個体に生じたりする。造卵器中の卵は造精器の精子と受精して胚を生じる。この胚は新しい配偶体世代と呼ばれ、生長する。

シダ植物の有性の配偶体世代の細胞は、核の中に１セットの染色体を保持している（単相と呼ぶ）。また、胞子体世代の細胞では２組の染色体セットを保有するが（複相と呼ぶ）、胞子の中では１セットに減ってしまう。このような世代交代も、多彩なシダ植物に見られる一つの特色である。

【著者の寸評】　本稿で注目したシダ植物は裸子植物に先だって、我が世の春を謳歌した経歴をもつ生物大集団のことである。上記したように、シダ植物の祖先は約４億年前に出現し、そして繁栄期を迎えた。シダ植物はこの後も、栄枯盛衰を経験し、末裔たち10,000余種が今もって残存している。これら末裔たちはかって大繁栄した時代の生き証人たちである。この数値は、繁栄の頂点であった時のシダ植物が如何に繁栄していたかを我々に教えてくれる。ちなみに、裸子植物もまた、約３億年前にその祖先が出現し、シダ植物同様に繁栄の時を経て、生命を今に伝えている。しかし、その現存数はわずか700種余にすぎません。

【参考資料】・駒嶺穆訳（2004）M. Allaby編『オックスフォード植物学辞典』、182頁、朝倉。

○　植物、その区分けと帰属

・植物のグループ分けとそれぞれの構成植物種

地球環境の修復には植物の力を借りることが第一である。具体的に言えば、植物を増やして森や林を復元することこそが最も効果的な方法である。植物は地球のいたるところに生息し、環境を整え、維持している。また、そこに生息する膨大な種類の動物や微生物を養い、育んでもいる。したがって、森林の復活を環境修復事業のエースとして考えるのは当然のことである。このためには、修復事業関係者は多彩な植物を分類でき、区分でき、各々についてよく熟知しておかねばなりません。また、植物を利用するに際しては、注目した植物を区分けし、まちがいなく特定できることが事の初めである。

ここでは地球の主人公である植物の区分けについて説明してみる。膨大な種数とその仲間の数の多さをほこっている植物の区分法に関して様々な試案や考え方が提唱され、論じられてきた。植物を区分すること、各植物種の所属先を明らかにすることは膨大な植物の中から特定の植物を選びだし、よりよく理解する上で必須の条件であり、大切なことである。

全ての植物はまず、次掲する８つのカテゴリー（専門家は門、Division と呼ぶ）に大別する。生物進化の順、複雑化、すなわち多様化の方向に従って分けるのである。細菌類、菌類、藻類、地衣類、コケ類、シダ類、裸子植物類、そして、被子植物類となる。最も進化し、現在の地球の緑を支えている、巨大な植物グループが被子植物であるが、これは双子葉植物と単子葉植物にさらに二分するのが今日では一般的である。

次いで、地球上に現存する植物の種数について述べておこう。植物を８つの門に区分し、それぞれに帰属される仲間の数、すなわち、種の数について述べてみる。８つの門に帰属される植物の全数は専門家によっていろいろな数が提示されているが、約 36 万種だとするのが妥当なところである。

約 36 万を数える植物を門各々に帰属されている植物の種数と、植物全体に占める比率を示してみよう。最も原始的生物集団である細菌類は約 1,300 種を数え、植物全体における割合は 0.4%を占める。以下同様に、菌類は約 37,500 種で、10.5%に相当する。藻類は約 16,900 種で 4.8%、地衣類は約 16,000 種で 4.5%、コケ類は約 23,000 種で 6.5%である。

同様に、シダ類は約 10,500 種で 2.9%に、裸子植物の現存種数はわずか 700 種にすぎず、0.2%である。森や林における裸子植物の存在感の大きさを思い起こすと、この種数の少なさを皆さんは意外に思われたことでありましょう。シダ類の現存種数約 10,000 とは対称的である。そして現在、植物進化の頂点、全盛期にある被子植物は約 250,000 種を数え、70.3%を占めている。種数の多い被子植物はさらに二分され、双子葉植物が約 200,000 種の最多のグループを誇り、56.2%を占める。一方の単子葉植物は約 50,000 種で、14.1%を占めている。

ついでに細菌類の種数 1,300 と、菌類の種数 37,500 種を除いた、約 320,000 種という数値でもって、一般的には植物の全種数だとされている。また、この約 320,000 種という数値から藻類、地衣類、コケ類の３グループの合計値、約 56,000 を引いた数値、264,000 をもって高等植物の総種数だとしている場合もある。皆さんにはご留意願います。

・時代を支えた植物類

現在、植物進化の頂点にある被子植物は単子葉類と双子葉類に大別するが、両群の種数を併せると、約 250,000 種になる。この種数は植物界の全植物種数の７割余になる。被子植物は約 65,000,000 年前の新生代、第三紀から、現在である新生代、第四紀にいたる地球の緑の環境を整えてきた。加えて、動物に代表される生物の生命も支えてきた、換言すれば、扶養者、すなわち主人公の集団である。

参考までに、本稿で注目する被子植物の祖先は中生代の中期ジュラ紀後半、約 144,000,000 年前に出現し、その後、進化、発展し続けてきた植物の大集団である。被子植物は長い時を通して変身を繰り返して今を迎えている。そして、ラン科植物のようにすでに土壌を頼りとしなくなりつつあるものや、食虫植物のように動物を餌とし始めたものなどが出現する事態へと植物の進化は進んでいる。

ついでに、新生代の前の時代にまで遡ってみることにする。すなわち、中生代の三畳紀から同代白亜紀（約 255,000,000 年前から約 65,000,000 年前まで）に及ぶ地球とその住人たちを支えていた裸子植物にも注目しておこう。繰り返しになるが、かって大繁栄した裸子植物も新生代、第四紀の現在、約 700 種の末裔（0.2%）が残存しているだけである。

ここで一言付け加えておく。このわずかな種数の裸子植物集団が、現在の森林において大きな存在感を示している。また、木材という資源の供給、利用の点においても、大きな貢献をしている。何はともあれ、こうした植物にも長い生命の歴史の間に紆余曲折、栄枯盛衰があったことだけは間違いありません。

裸子植物の祖先は古生代の末期、二畳紀始めの 286,000,000 年前頃に出現したとされている。裸子植物はその後、約３億年に及ぶ長い中生代の地球の緑の環境を、シダ植物とともに支えていた。裸子植物集団はまだ脇役でしかなかったが、同時期に生存し、繁栄していた爬虫類、恐竜たちの生命を支えるのに大きな務めを果たしていたのである。

ついでに、高等植物は受精後、種子へと発達する前の構造体（胚珠と呼ぶ）を生成するようにと進化した。まず、裸子植物は胚珠がむき出し、裸のままであった。この様態こそが、裸子植物との呼称の由縁である。続く被子植物では、胚珠は大胞子葉と呼ぶ組織によって包まれて護られるように進化した。したがって、大胞子葉の有る、無しは植物進化上の重大な分岐点である。この点だけでも、被子植物は裸子植物よりも複雑化、進化していると言えるのだ。

・古生代、石炭紀を支えたシダ植物

裸子植物門と同様に、地球史上の時代、古生代の覇者であったシダ植物門は新生代の今日でもなお、約 10,500 種が残存している。種子でなく、胞子によって繁殖するシダ植物大集団は古生代のシルル紀から二畳記にいたる約 360,000,000 年前から約 280,000,000 年前までに及ぶ長い間、主役を務めた。

シダ植物は古生代・石炭紀に繁栄の極、絶頂期にあった。また、石炭紀との地質学用語にもなっているように、この時代のシダ植物の遺骸は世界のいたるところに残存している。これこそが石炭であり、人は今も、これの恩恵にあずかっている。現存シダ植物の 1 万余種は、シダ植物集団が古生代、特に石炭紀を中心に、とてつもない規模で繁栄していたことを教えてくれている。

46 億年を数える地球の歴史の中には、上記した植物門、被子植物、裸子植物、シダ植物と同様に、藻類が繁栄した時代のあったことも分かっている。藻類の時代は古生代前半、先カンブリア紀からオルドビス紀（約 590,000,000 年前から約 435,000,000 年前）に及んでいる。このことは化石による研究によって明らかにされた。

【著者の寸評】　生物史上、植物の大きな区分けの階級、“門”水準で纏められる植物集団が順次繁栄しているが、それぞれの繁栄は頻繁に起きた地殻変動、例えば大陸の移動や衝突、陸地の隆起や沈降などの影響を受けた。また、各時代の地球を彩った植物集団は何時も、個々に生きていたのではなかった。関わり合い、助け合って生きていた。植物について学ぶ時、植物を個として見るだけでなく、集団として見る視点も必要である。

植物集団の繁栄には地球本来の温暖期や寒冷期などの気候変化も影響を及ぼした。例えば、太古の温暖期の一時期、地球の陸地の90%が植物で被われていたとされる。この時代は地球とその住人たちには最善の環境であったに違いありません。

翻(ひるがえ)って、地球は緑による被覆率が30%を割って久しい。しかし、地球はその率の向上は可能であり、方法次第で90%まで増やせるのである。90%は今後、緑の復元・回復を目指す時、究極の目標値となる。緑の被覆率を向上することで温暖化が原因の多くの問題を改善・解消できると著者は言っておきたい。特に、進化の最先端にある、多様性に富んだ被子植物は緑の復元において頼もしい存在、主役なのである。

【参考資料】・田村道夫(1999)、『植物の系統』、8頁、文一総合出版。

○　生物界に君臨している植物の内実

・植物の光合成（炭酸同化）能

森の中に隆々とそびえ立っている木々を仰ぎ見ると、樹木こそが森の主役であると誰もが納得させられる。樹木、木本植物に代表される植物こそは、何処から見ても、森の主人公、主（あるじ）である。

ここに落葉性広葉樹樹木の種子がある。これを播けば、温帯や温暖帯であれば、春に発芽して生長し始める。秋も終盤になると幼樹は葉を落として成長を止め、休止期に入る。幼樹は次の春を迎えると、芽吹いて新葉を展開する。そして、前の年と同様に生長活動を行う。樹木はこうした生理活動を繰り返して一定の樹齢に達すると、花をつけ、実を結ぶようになる。換言すれば、大人として生命を未来に伝えるように生長したのである。

樹木が日々行っている、最も大切な生理活動に、二酸化炭素と水からグルコース（最終的にはデンプン）を生成する光合成活動がある。光合成の生成物、グルコースは植物自身の活動源となるだけでなく、余所でも述べている生理活性成分、いわゆる、抽出成分の生成原料になる。さらには、他の生き物の糧にもなる。光合成こそは植物が自然界に君臨するようになった原点の生理活動である。

・光合成反応とその意味

植物だけが自在に操れる“光合成”能に今少しこだわってみる。光合成は通常、二つの段階に分けて説かれる。前段階を“明反応”と呼ぶ。前段階では、植物は根から吸い上げた水を太陽エネルギーの助けを借りて分解して酸素とともに、自身が特別の仕事を行う上で必須のATP、NADHなどの補酵素類を生成する。本稿では今後、これら補酵素を便宜上、高エネルギー燐酸化合物と呼ぶことにする。なお、高エネルギー燐酸化合物は還元、配糖体化など、反応遂行に大きなエネルギーが必要な反応を仲介、触媒する。

光合成の後段階を“暗反応”と呼ぶ。植物は光合成前段階の産物である高エネルギー燐酸化合物の仲介によって二酸化炭素と水からグルコースを生成する。驚いたことに、このグルコース生成量は生産者である植物が必要とする量の数倍から数拾倍、時には数百倍にもなる。多量のグルコースは生産者だけでなく、他者を養うのにも使われている。このことこそが植物が生物界に君臨できる最大の理由であるのだ。

植物は光合成産物のグルコースあるいはデンプンを分解して得られる分解産物と高エネルギー燐酸化合物を使って、自身の生育や生長を図って生命を長らえている。また、受粉・受精を成し遂げて生命を先につないでもいる。対する動物や微生物は光合成できないので、植物に全面的に依存している。すなわち、動物や微生物は植物からグルコース（デンプン）、時には植物の葉や種子、さらには遺体を提供されて生きている。

植物にとって、グルコースの代謝は基本かつ必須の活動であるので、この成分の分解代謝経路を二系統備えるように進化を遂げた。解糖系とトリカルボン酸回路からなる糖分解系と、ペントース燐酸経路と呼ぶ糖分解系のことである。植物は二つの糖分解系を駆使していろいろな代謝産物と高エネルギー燐酸化合物を得ている。そして、グルコース・デンプン同様の主成分である脂肪酸・脂質、アミノ酸・タンパク質へと変換もしている。

一方の動物や微生物はグルコース（デンプン）はもとより、脂肪酸・脂質やアミノ酸・タンパク質も食物や餌として摂取し、利用している。なお、動物や微生物は摂取物（糖）を分解して得る生成物を再編、組み換えるなどの代謝活動は自前で行なうことができる。今も述べた、植物を含む全生物が基本的に行っている主要成分の生成、変換再生、そして分解に関わる代謝諸活動を基礎（一次）代謝と呼ぶ。また、これらの生理活動の中で生成される成分を基礎（一次）代謝成分と呼んでいる。

・抽出成分の生成と機能など

一カ所に根付いて身動きできない、受動的な生き物である植物は、他の生き物と並存、並立、時には凌駕して自然界をたくましく生き抜いている。植物がこのようになれた最大の理由は、植物がより一段と進化を遂げて抽出成分と総称される成分を生成する能力をも獲得したことにある。

植物はグルコースが二酸化炭素と水に分解される一次代謝活動の中間体、メンバー化合物と、同時に生成される高エネルギー燐酸化合物を原料として用いて様々な生理活性を有する抽出成分を生成するようになった。生成成分は他者との競争の場で特異的に使われるので、植物にとっては究極の化学兵器であると言われることもある。このようにして、植物は昆虫、微生物、そして時には動物の攻撃に対峙し、対抗できるようになった。なお、植物は前もって生成しておいた抽出成分を行使する場合もあるが、外敵から攻撃を受けた段階で抽出成分を生成して行使する場合もある。抽出成分生成のような、二次的な生理活動を二次代謝活動と呼ぶ。そして、この生成物を二次代謝成分と呼ぶこともある。

抽出成分はまた、植物が普遍的に生成する場合もあるが、種、属、科の内など、限られた植物種だけが生成する場合もある。いずれにしても、抽出成分の多くは身動きできない植物が他者との共生、競争などの関係において機能させる、自己主張するなどのために使われる。すなわち、抽出成分は抗菌、殺菌、抗虫、殺虫などの生理活性を発現する、また、自身がつける花や果実を彩り、虫や鳥を誘引して受粉、受精を全うするなどのためにも使われる。さらには、抽出成分は生成者である植物自身の生存と繁殖のためにも使われる。

少し視点を変えた話題提供の話になるが、抽出成分はその保有の有無によって植物を識別、区分する拠り所になる。同族、時には近縁の植物は同じ成分生成系を備えているからである。ついでに、これのようなことを考える学問分野を植物化学分類学という。

・抽出成分あれこれ

抽出成分を化学的立場から見つめ、考える学問分野がある。“抽出成分化学”と呼ばれる分野である。この呼称は農学や理学の分野ではなじみ深い。より広い分野で一般的な呼称、“天然物化学”とほぼ同義だと了解されている。ちなみに、この天然物化学が最近では、“生物有機化学”などと呼ばれている。医学の専門分野の呼称が変わったのと同じことが農学や理学の分野でもおきているのである。

抽出成分についてさらに話を続ける。抽出成分は本来、エーテル、酢酸エチル、エタノールなどの有機溶媒、時には水で抽出される化合物のことである。これら化合物は二次代謝成分のうちの、分子量の小さなもの（分子量 3,000 以下）をさしている。

抽出成分化学における研究対象化合物は大雑把に言えば、糖類、炭化水素類、脂肪酸類、テルペノイド、ステロイド、カロチノイド、トロポロン類、フラボノイド、スチルベノイド、クマリン類、キノン類、リグナン類、アルカロイド、アミノ酸類などの成分グループである。天然性有機化合物のほとんどを網羅している。なお、列記した化合物群の多くは生体における保有量（含有量）が少ないことから、まとめて“微量成分”と呼ぶこともある。

一方、植物体を形成している成分にセルロース、ヘミセルロース、リグニン、スベリン、クチンなどがある。これらも広義には二次代謝成分である。これらは上記した抽出成分とは違い、高分子化合物であり、生体中での保有量も多いので、“主要構成成分”と呼ばれる。また、これら成分は植物、特に木本植物の各種の力学的強度の発現に深く関わっていることから、“骨格成分”、“構成成分”などと呼ばれたりもする。

植物の二次代謝成分（抽出成分）の生合成についても簡潔に述べておく。抽出成分は一次代謝の代謝経路上の顔ぶれ化合物を原料とし、酢酸・マロン酸経路、メバロン酸経路、シキミ酸経路などと呼ぶ成分生合成経路を単独または複合的に使って生成されている。

抽出成分はいくつもの反応を積み重ねて生成されている。また、反応毎に決まった酵素が反応を触媒している。これら酵素は通常、DNAに込められた情報に従って、前もって生成、準備されている。したがって、この成分の生合成は遺伝子の制御下にある。そして、その種類と分布には限りがあることになる。

本稿を終えるに際し、いま一言書きおきたい事がある。植物における抽出成分検索は今後も続けられるであろう。新規に成分が単離され、その化学構造が明らかになると、今日では次には、医薬品、化粧品、食品などとして利用できるか、否かに研究者の関心は移ってゆく。新成分は次の検討段階に回されるのである。

新成分はいずれも、前記したように生合成の原則に従って生成されている、天然性化合物ならではの特徴、制約を抱えている点に留意したい。以下に箇条書きする抽出成分に関する特徴や制約は抽出成分化学の研究、考察だけでなく、利用、開発の研究においても役立つ事項である。何かの参考になれば何よりである。

①植物の科や属によって保有成分の顔ぶれと、各々の保有量が異なる。②同一植物種であっても、個体間で保有成分の保有量は違う。③同一植物種の部位、組織、器官などで、保有成分の顔ぶれと、各々の保有量は異なる。④植物が育った環境の違いによって保有成分の保有量が変わる。⑤植物は採取時期の違いによって保有成分の保有

量が変わる。⑥植物は品種や系統の違いによって保有成分の顔ぶれと、各々の保有量が異なる。⑦植物は菌などによる感染の有無によって保有成分の顔ぶれと、各々の保有量が異なる。⑧植物試料の調整法や処理法によって保有成分の顔ぶれと、各々の取得量は変わる。

【著者の寸評】　読者の皆さんに植物をより深くご理解頂くために、著者の前書、『病める地球の救世主　多彩な植物』（文芸社刊行）を併せてお読み頂くようお薦めします。特に、本稿の理解をより深めて頂くために、同書に収録されている“植物の化学兵器による武装”、“植物自身を守る成分は他者も守る”などをぜひお読みください。

【参考資料】・西谷和彦他監訳、(2004) L. テイツ他、『植物生理学』、282～頁、培風館。

第３章　植物と人の多彩な関わり

○　「アロマセラピー」って何？

・人と匂いのかかわり

人は誕生以来、嗅覚という感覚に大きく依存してきた。特に、太古の人々にとって、匂い感知能が高い、低いは生死を分けたこともあったに違いありません。鋭敏な嗅覚は、傷んだ食物を見分ける、危険な動物の接近を察知する、有毒ガスが噴き出している池や沼などを察知する等々、古代人の一生を通して役立ったことであろう。匂い感知能は人が生命を全うするために必須の能力でした。

また、太古の人々にとって、草花は美しさを愛でる存在であったとともに、匂いをも楽しむ存在であったことは想像に難くありません。事実、エジプトの古代遺跡の壁画には香炉や香油の壺を捧げ持っている人物が数多く描かれている。人はこのように、匂いにこだわり、香りを愛で楽しむ長い歴史をもっている。

現代人も古代人同様に、匂い、香りに強い関心をもっている。例えば、春はまだの二月、冷たい寒気が居座っている頃の散策の道すがらである。庭先の木立から漂い来るロウバイの花の香りに、思わず歩みを止め、寒さを忘れて佇んでいたなど、香りにまつわる、些細（ささい）な思い出を大切にされている方も少なくないと著者は拝察している。また、このような香りとの遭遇をきっかけに、追憶にひたったなどもよく耳にする話である。

・アロマテラピーの始まりとその後

匂い、香りが生き物に対していろいろな効果・効能を発現していることが徐々に解ってきた。例えば、匂い・香りのうちには、人を穏やかにするものや、人を高揚させるものがあるなどと、匂い・香りの効果、効用を人は古くから知っていた。また、匂い・香り油成分が秘めている効果や効能は様々な民族の療法においても取り入れられ、利用されてきた。

さて、20 世紀初め、フランスでの話である。ラベンダーの花の抽出液がすばらしい治療効果を発揮したことを発端に、香料を用いた新しい療法、アロマテラピー（仏語）は誕生した。化学者、ルネ・モーリス・ガットフォセは実験中、手に火傷を負った。彼はとっさに、目の前にあったラベンダーの花の抽出液に火傷を負った手を浸した。すると、火傷はその後、強い痛みを発することもなく、また、火傷の跡を残すこともなく速やかに治癒した。

ガットフォセは自身の火傷事件以降、いろいろな植物の香り成分の秘めている効果や効能について精力的に調べていった。そして、1937 年、彼は研究成果を著書『アロマテラピー』として公表した。これが今日のアロマテラピー（仏語）（英語ではアロマセラピー）の始まりである。また、日本語では“芳香療法”と訳している。ガットフォセ以外にもアロマテラピーの発展に寄与した先達がいるので、簡単に紹介しておこう。

最初はフランスの外科の軍医、ジャン・パルネである。彼も著書『アロマテラピー』を表し、芳香療法の効果を、主に医師や薬剤師に対して伝えている。二人目はイギリスの生化学者、マルグリット・ボーリーである。彼女は精油の希釈液を噴霧してマッサージすると、心身のバランスを正常にするという、ホリスティック　アロマセラピー（全体的なアロマテラピー）の切っ掛けとなった人物である。三人目はイギリスのロバート・ディスランドであり、先人達の理論や方法論を著書『芳香療法・理論と実際』にまとめ、アロマテラピーの発展に貢献した。いろいろな先駆者もいたが、アロマテラピーは新しく医療分野の一角を占めるようになった。事実、アロマテラピーの研究実績は80年ほどにすぎませんが、医学界に大きな成果をもたらした。

・アロマテラピー

現在では、アロマテラピーの効果・効能は癒し効果だけでなく、美顔・美肌作り、全身のスキンケア、筋肉諸症状のケア、過敏性腸症候群などの消化器機能の緩和・調整、肝臓や腎臓の機能調整、循環器系臓器の機能調整、免疫力の高揚、ストレスの解消、中枢神経のような神経系の調整等々、たいそうな広がりを見せ、多岐に及ぶようになった。アロマテラピー研究は今も、先進諸国を中心にして深化し、発展し続けている。

匂いの実体である香料、精油は冒頭でも述べたように、古くから人々の暮らしとともにあった。精油の多くは植物が起源であり、原料となる植物の種類は実に多様、多彩である。現在では、抽出技術の進歩発展もあって、精油そのものを容易に取得でき、入手できるようになった。なお、多数の精油のうち、樹木から得られるものの多いことに気づかされる。

ここで樹木起源の主な精油に注目してみよう。マンダリン（ウンシュウミカン）、ユーカリ、グレープフルーツ、イランイラン、ベルガモント、パチュリー、ジュニパーベリー、サンダルウッド、プチグレン、ジャスミン、パイン、サイプレス、ティートリー、ブラックペッパー、シダーウッド、フランキンセンス、ネロリなどである。これらの精油は樹木類の葉、花、実、幹、さらには根から採取され、アロマテラピーなどに供されるようになった。

現在のアロマテラピーでは、上記したような精油を直接あるいは単独に使うのは珍しいことになった。キャリアオイルと混ぜて使うように変わってきている。キャリアオイルとの混合利用は精油が固有に持っているマイナス効用の発現、すなわち、トラブルを回避するための現実的で、賢明な対処法なのである。

話が込み入って少しくどくなるが、昨今、入手する精油は抽出装置、抽出機器などの進歩もあって、どの精油も構成成分の比率が高まり、純に近いものになっている。その結果、精油は人、特にそのデリケートな皮膚や粘膜に対して刺激の強すぎるものへ変ってしまった。この話を怪訝に思われた方も多々あると思うので、今一言書き添えておく。毒物や劇物に対して致死量という概念があるのをご存知だと思います。この考え方をアロマテラピーにおけるこの場合にあてはめて考えるのです。

精油あるいは精油成分は安全なものだけではありません。皮膚や粘膜に害をなすものもあるのです。したがって、昨今のアロマテラピーでは処方あるいは処方箋を遵守する、例えば、キャリアオイルで薄めて使うことなどが大切である。この約束事はアロマテラピーをトラブルなく、楽しむために厳守しなければなりません。大切な約束なのです。

最後に、芳香療法士、アロマセラピストが薦めているキャリアオイルを列挙しておく。アプリコットカーネルオイル（ピーチカーネルオイル）、アボガドオイル、ゲレープシードオイル、ヘーゼルナッツオイル、ホホバオイル、オリーブオイル、セサミオイル、サンフラワーオイル、スウィートアーモンドオイル、ウオルナッツオイル、小麦胚芽オイルなどである。これらは一般的なキャリアオイルであり、広く使われている。アロマテラピーに関心のある方は上記注意点をわきまえてアロマテラピーをお楽しみください。

【著者の寸評】　アロマテラピーは楽しむものでなくてはなりません。愛好者の皆さんにはくれぐれも、今も述べた約束事、処方を厳守して楽しんでください。そして、無用なトラブルの発生を回避してください。加えて、アロマテラピー生活を存分に堪能してください。

【参考資料】・高山林太郎訳（2002）、R. Tisserand & T. Balacs『精油の安全性ガイド、上巻』、フレグランスジャーナル社。

○　漢方の勘所は診断と処方にもあり

・漢方医学の今日的意義

日本を始めとする先進諸国では昨今、健康・保健ブームの渦中にある。先進各国では健康への希求は国民共通の関心事である。同時に、多くの先進国で高齢化が進行中である。元気で健やかに日々を過ごすことは特に、老境にある人々には何よりの願いである。高齢化は平和な日々が続いた、医療技術が進歩した、健康、保健意識が高まったなどがもたらした、うれしい所産である。こうした所産が次の切望を生み出している。

切望に関してであるが、西洋医薬学全盛の昨今であるが、植物性生薬に大きく依存している、安心、安全な漢方医学も捨てたものではありません。漢方医学は５千年余の長い間にわたって支えてきた漢方医師の知恵と、まだ解明されていない植物性生薬が秘めている大きな可能性が人々を引きつけて止まないのである。したがって、漢方医学は日本などの高齢化社会において老人医療の一翼を担える存在だと著者は常々考えている次第である。

ここでは人々を魅了している漢方医学の勘所について紹介してゆく。勘所と言えば、漢方医学を支えている植物性生薬類もその一つであるが、今日は、漢方医学自身の勘所を紹介する。人の賢明さ、経験、そして、これらが集積、整理されて出来上がったと言ってよい漢方医学を紹介したい。

・漢方医学の勘所、見立てと処方

漢方医学の診断では病ではなく、病人自身に状況に注目するのが基本的有り様である。これは漢方医学が、“人には本来、個人差がある”を大前提としていることによる。一つ、一つの症状を診るよりも、病人が今、発している症状を総合的に診ようと努めるのである。漢方における診断、すなわち見立てを“証（しょう）”と呼ぶ。証はさらに“望（ぼう）”、“聞（ぶん）”、“問（もん）”、“切（せつ）”と四分される。四つの見立てをまとめた結果が漢方本来の証であり、西洋医学でいう、診断のことである。

証のうちの望は眼による診断である。同様に、聞は聴覚や臭覚による診断である。問とは患者との問答、問診による診断である。切とは脈をとったり、腹に触れる、いわゆる、触診による診断である。以上、四つの証をまとめて患者に対する診断が確定する。証が決まると、治療法の検討、治療へと漢方医師の対応は移ってゆく。

さらに今少し、証は西洋医学における診断法と似ているようにみえるが、内容が違っている。漢方医学における長年の経験と直観力が証には反映していると著者は理解している。また、証は固定したものでなく、たえず変わってゆくものだと解されている。なお、証の一層の客観化をめざすことが今日の漢方医学での主要課題であると聞いている。

四種類の診断をまとめた見立て、証によって治療法を決めてゆくのだが、漢方医学では投薬治療を中心に据えて対処する。しかも、漢方医学では西洋医学で当たり前の、病原菌などを直接やっつけるといった原因療法は行いません。症状をおさえ、患者の身体本来の抵抗力を呼び起こし、高めることで治療成果を得るように務めるのである。

漢方医学の処方では常に、生薬を選び出して組み合わせる、そして生薬混合物を煎じて得る抽出物、すなわちエキスを服させることが治療であるとしてきた。西洋医学が有効な成分を探しだし、その化学的な性質・性状を明らかにして処方しようと務めているのとは対照的である。

・漢方生薬の処方

漢方生薬の種類についてである。今も 100 種類を越える生薬が調薬・治療に常用されている。生薬を選別する調薬においても、漢方医学独特の考え方が連綿と伝えられている。漢方調薬における基本的な考え方は“君”、“臣”、“佐”、“使”の四文字でまとめられる。患者ごとに四文字それぞれに相当する生薬が選ばれ、処方されている。

まず、顕著な効き目を発揮する生薬、すなわち、主役の主薬を選び出す。この薬を君の薬、“君薬”と呼んでいる。次いで、君薬の効き目を助ける、すなわち主薬の効果を助長する薬、“臣薬”を選んで君薬に添える。さらに、処方する生薬類が引き起こすであろう副作用を予防する薬、“佐薬”も選んで添える。最後に薬を飲み易くするための薬、“使薬”を選びだして加える。

漢方医学では常に、君、臣、佐、使の生薬を選び出して患者に供している。薬相互の協力作用を意識した調薬が昔から実践されてきた。この考え方、あり方は注目と尊敬に値する。漢方医学の知恵の深さ、奥深さに著者はただただ脱帽するのである。

・漢方医学の調薬における気遣い

漢方医学では生薬類を混合、調合する際に予知される弊害や副作用にも気遣ってきた。これも 2,000 年も前に始まったことであり、患者に対して慎重に配慮してきた点も尊く、驚嘆してしまう。漢方医師たちは生薬の弊害や副作用についてもよく学んでおり、その成果は系統的に整理されており、今に伝わっている。

漢方医学は弊害、副作用に関する生薬についても話しておく。生薬を“配合可”の生薬を始め、“配合不可”、“配合不適”、“配合注意”などの生薬に分けて対処してきた。また、漢方医師は調薬のたびに副作用に関わる注意も考え、調薬に反映させてきた。

より具体的に話すと、漢方生薬は“単行(たんこう)”、“相須(そうしゅ)”、“相使(そうし)”、“相悪(そうお)”、“相畏(そうい)”、“相反(そうはん)”、“相殺(そうさつ)”の七種類、すなわち、“七情(ななしょう)と呼ぶ”に区分できる。このことは漢時代の著書「神農本草経」においてすでに言及されている。そして、この教えは以降遵守されてきた。以下に、七情についても簡潔に解説しておく。

七情のうちの単行とは、それだけでも効果を発揮する生薬のことである。相須とは必ず、他の生薬と併用する生薬である。相使とは君と臣の生薬を選んだ後に、佐と使の薬として処方する生薬のことである。相悪とは混合配合を避けねばならない生薬である。相畏とは配合において注意すべき生薬のことである。相反とは生薬相互が拮抗する場合には配合を避ける生薬である。相殺とは他の生薬の秘めている毒性を減らす生薬である。

生薬の調薬法は漢方医学が長い間、膨大な経験を積み上げて確立され、引き継がれてきた処方である。今後は生薬を区分する具体的な根拠や証拠をより具体的に究め、系統化しなくてはならないと考えられている。

【著者の寸評】　著者は本稿をまとめてみて、漢方医学の深い考え方と洞察力に改めて感服した。漢方医師の「気高い智恵」に敬意と尊敬を感じた。本稿冒頭でも述べたように、日本の高齢者医療の現状を慮ると、漢方医学、特に、生薬が高齢者の健康維持に寄与できるのはまちがいないと著者は確信した。植物性生薬は漢方医学で中心的な役割を担ってきたので、この生薬が高齢者の保健薬の中心になると考えた。したがって、植物性生薬類を供給している植物類を絶やすことなく、大切に維持してゆきたいものである。

【参考資料】・田畑隆一郎（2006）、『漢方 第三の医学。健康への招待』、源草社。

○　ジャパンはジャパンが発祥の地

・漆は日本

日本は現在、世界に誇れる数々の産品をもっている。その一つに、日本起源の漆を塗った器具、漆器（japan）がある。漆器は木材片や竹材片を旋盤などで加工、成形した工作物に、ウルシの樹が滲出する樹液、すなわち、漆を塗って造られる。皆さんも美しい漆器をご覧になる機会が多いと拝察している。

かって、漆製品の起源は“日本である”がゆらいでいた時期があった。日本の漆の利用は縄文時代末期にまで遡れるので、日本が起源だとされてきた。ところが、中国、揚子江流域の河姆渡遺跡より出土した漆塗りの遺物が約 7,000 年前のものだと分かった。具体的な物証が出土したこともあり、漆器も中国が起源だと訂正の声が上がっていたのである。

ところが、西暦 2,000 年、北海道、南茅部町の縄文遺跡から赤い漆が塗られた遺物が出土した。遺物を放射性炭素（炭素 14）による年代測定に供したところ、約 9,000 年前のものだと判定された。この結果を知って関係者は驚いた。何故ならば、北海道の出土品は中国のそれを一気に 2,000 年遡らせたからである。これ以降、“漆利用の起源は日本”と、自信をもって、再び主張できるように変わった。

・ウルシと漆塗料

ウルシ（*Rhus Vernicifera*、ウルシ科）は落葉生の小高木であり、九州から北海道にかけて生育している。また、ウルシは朝鮮半島や中国にも生育する。ウルシの樹幹に傷を付けると、樹液がしみ出てくる。これを採取したものが漆である。この漆液を“生漆”と呼ぶ。また、ウルシの樹幹に傷を付けて漆を得ることを関係者は「漆を掻く」と言う。

生漆にナヤシおよびクロメと呼ぶ処理を行った加工製品を“精製漆”と呼ぶ。なお、ナヤシとは漆液をよく攪拌する処理を言う。また、クロメとはナヤシ処理を終えた漆を 40℃前後に温め、攪拌して徐々に水分をとばす処理を言う。

漆の主成分はウルシオールで、これは酸素存在下、ラッカーゼと呼ぶ酵素によって酸化重合する。ウルシオールはこの処理によって耐薬品性、耐水性、防腐性、断熱性などの特性を併せ持つ高分子化合物に変わるのである。これが漆器の堅牢で美しい塗膜の姿である。

世界には漆を採取できるウルシ科植物が存在している。日本のウルシと並ぶ代表的なウルシはベトナムのアンナンウルシである。このウルシの樹木はブラックツリーと呼ばれている。主要成分はラッコールやチチオールであり、酸化重合させると、堅牢な被膜（高分子化合物）を形成する。したがって、ベトナムなどでも優れた漆器が造られている。他には、ヨーロッパのカシューと呼ぶ樹木である。この樹の実からカシューオイルと呼ぶ脂を得て、塗料として利用している。なお、ウルシ科の植物は世界に約 400 種が知られており、その中には皆様もよくご存知のマンゴーやカシューなどもある。これらは果実や種子が愛でられ、食されている。

話が前後するが、人がウルシの樹液を塗料として使うに至った経緯がいろいろ語られている。最も信憑性のあるのはハチの巣説である。ハチ類は様々な形の巣を造るが、多くは樹の枝にぶら下がる型である。その巣は多数の部屋から成り立っている。ハチは仲間が増えるに合わせて部屋を増やしていくので、巣は次第に重くなる。すると、ハチは枝と巣との接合部分を補強する。この部分をよくみると、大人の小指の太さ程度でしかない。ハチはこの部分にウルシの樹液と自身の唾液を塗りつけて強い強度を発現させている。

縄文の昔、我らがご先祖様はハチの仕事、巣の補強をつぶさに観察し、漆の利用法に気づいたと推察されている。人も当初は、漆をハチと同様、接着剤として使用したようであるが、ほどなくして、道具や器具の表面を保護、補強する使い方を思いついた。我らのご先祖様は昆虫学者、ファーブル並みの優れた観察者であったとともに、エジソン並みの考案者でもあった。物造りにおける日本人の資質発現はこの時代に起源があるようだ。

・漆器造りと日本の漆器

漆器造りは手間と時間を要する。例えば、無地の漆器造りである。漆器製品はまず木地作(きじづく)り、下地作(すじづく)り、そして塗りの工程を経て造られる。日本では今も無地の漆器が多く造られている。例えば、岐阜・高山の春慶塗り製品である。これは木地や木目をあえてみせる美しい塗り物である。他にも、漆本来の色や光沢を楽しむ、岩手の浄法寺塗りの製品、和歌山の根来塗りの製品、布や紙の模様を活かす福岡の藍胎漆器などがある。

さらに朱漆と黒漆を際だたせた高知の古代塗りの漆器もある。これも無地の塗り物に加えてもよいだろう。朱や黒一色の漆器も美しいので、その評価は高い。事実、真っ黒に塗られた漆器製品は中世のヨーロッパに輸出され、「japan」、「japan」と美しさが絶賛された経緯がある。ついでに、“漆黒の髪”、“漆黒の闇”などの用語はこの黒塗り漆器に由来する。

日本では別途、漆器製品をより一段美しく豪華にする技法が考案され、究められた。こうした技法をまとめて加飾(かしょく)と呼ぶ。黒色や朱色の無地の漆椀だと思って蓋(ふた)をとると、目に飛び込んでくるのは金や銀で描かれた絵柄である、また、黒く輝く文箱(ふばこ)などの面で七色の光を踊らせる貝殻を張りつけた螺鈿(らでん)張りの漆器も豪華で、気品にあふれている。

加飾技法の中心をなすのは蒔絵(まきえ)、沈金(ちんきん)、螺鈿(らでん)などの技法である。これら技法がそれぞれ究められ、発展したことで、日本の漆製品はその評価が高まり、他国のそれらを大きく凌駕するに至ったのである。ついでに、こうした製品の多くは名も残っていない職人の優れた感性と、絶えざる研鑽によって生み出されたという経緯をもっている。

ウルシの樹木はかって日本の山野のいたるところに生育していたので、漆器造りの技が各地で生まれた。これらの多くはそれぞれ個性的な花を開かせて今日を迎えている。主だった漆器を北から順に列記しておく。上述した春慶塗などの漆器とその産地に加え、全国を網羅する塗り物と産地が知られている。

津軽塗り（青森）、川連塗り（秋田）、秀衡塗り（岩手）、鳴子塗り、仙台堆朱（ついしゅ）（宮城）、会津塗り（福島）、村上木彫り堆朱（新潟）、江戸漆器（東京）、芝山漆器（神奈川）、高岡漆器（富山）、輪島塗り、山中塗り（石川）、若狭塗り（福井）、木曽漆器（長野）、静岡漆器（静岡）、京漆器（京都）、奈良漆器（奈良）、讃岐塗り（香川）、大内塗り（山口）、琉球塗り（沖縄）などである。

上記製品はいずれも個性的であり、しかも美しい。また、これらの多くは江戸時代、藩によって保護、奨励された歴史をもっているのも特徴である。なお、今日では技術の交流が進み、良い物、良いことは全国の産地に伝搬して定着したので、産地による個性が無くなってきたと著者はみている。

日本ではつい最近まで、簡素ではあるが、余裕のある暮らしを維持してきた。そこには漆器類も深く係わっていた。例えば、台所には漆塗りの飯櫃（ひつ）、盆、膳（ぜん）、椀、杓子（しゃくし）、皿などがごく普通に並んでいた。こうした漆器製品を再認識して、今日の暮らしの中に復活させたいものである。著者はここで、“食生活に漆製品を復帰させよう”と提案したい。

昨今の漆器製品には普段使いを差し控えたい製品から普通の製品

までいろいろあるので、多様な要望に応えられる。漆器製品に囲まれる生活はホルマリンや鉛などの有害物質による心配事とは無縁である。また、漆器製品は美しく堅牢で、使い込むと味の出るものも多い。取り扱い方を心得てさえおれば、漆器製品は石油・天然ガス起源の製品よりも長持ちして経済的である。漆器製品はその美しさや味わいゆえに食卓や居間を華やかでにぎやかなものにすること間違いありません。漆器製品に囲まれた生活を楽しみたいものである。

【著者の寸評】　漆塗りの器物は昔から我が国の主要な輸出品であり、輸出先で高い評価を得てきた。漆器製品は当然、我々の暮らしを支えてきたとともに、生活に潤いを与えてくれた。漆と言えば、木材を思い浮かべるが、昨今では、ガラスや金属に漆を塗った製品も散見されるようになった。漆の匠たちの新しい挑戦が始まっているのである。漆製品好きには楽しみな時代がやって来た。匠さんたちの健闘を期待している著者です。

【参考資料】・室瀬和美（2002）、『漆の文化 受け継がれる日本の美』、1頁、角川書店。

○　草木染めへの招待

・白布で装うから染めた布で装うへ

衣服を纏い、美しく装うこと、すなわち、装飾することは大昔から、女性はもとより、男性にとっても楽しいことであったろう。この行為は人それぞれが自己主張するための、分かり易い術である。装飾の原点は植物から得た皮や葉を切り取ったり、編むなどして作ったシート状のもので身体を包んで保護したことであったであろう。

続いて、人はその誕生からかなりの時間を経てからのことだと考えられるが、特定の植物の茎や葉を選び、それらを石や棍棒などで叩きつぶして繊維を分けとって紐や糸へと変える術を会得したであろう。さらに、このことは編む、撚る、織るなどして布にする方法の発見へとつながっていったことであろう。こうして得た布で裁って衣料を作って着飾るようにと、装飾は次第に進歩、発展していったと考えられる。

このような中、植物から得た繊維状物を流水でよく洗って、太陽光に曝しておいたら、より白くなった、換言すれば、漂白されることにも気づき、白い布を生み出す術も現実のものとしていったことであろう。万葉集に収録されている、"春過ぎて夏来るらし　白妙の衣ほしたり天の香具山"（持統天皇）の和歌のように、白い布から仕立てた衣服はたいそう美しく、これこそが装飾の原点であり、究極だと言ってよいだろう。事実、603年、我が国で始めて服の色を定めた冠位十二階においても白を最高の色、天子の色としたのである。

少し回り道をしましたが、白やうすい色の衣料を身に纏って山や野を歩き回ると、衣料が植物などと触れていろいろな色のシミ（染み）をつくる、すなわち、汚れてしまうことは古代人にとって新たな悩みの種となったことであろう。

人が白や淡い色の布で作った衣料でもって身を飾るようになってから、たぶん、程なくしてのことだと思われる。我らがご先祖様は山歩きをすると、植物の体液で衣料が汚されるという事実を逆手に取ることに気づき、にんまりとしたかもしれません。白や淡い色の糸や布をいろいろな植物と煮たり、植物を前もって煮出して得た煮汁〔抽出液〕に漬けて着色する術へとつなげたのである。ここにたどり着いたのも当然の成り行きであったと著者は考えている。着色する術、すなわち、染色の始まりとは、このようなことであったのだ。

・染色法の変遷

染色の当初はいろいろな植物の煮出汁（抽出液）を得て、染めてみることが中心でした。その後、土（泥（どろ））、岩石や鉱物の粉末、さらには、昆虫などをつぶして得られる汁液なども意図的に使う挑戦が始まったことだろう。その結果、製品である染めものの色彩は次第に広がりをもち、多彩になっていったと著者は推察している。

世界には様々な民族があり、各民族は独自に染色法を開発し、発展させてきた。民族はそれぞれの衣装を民族の伝統あるいは誇りとして今に伝えている。著者はテレビ、映画などの世界探訪記のような番組をよく見るが、世界各地の民族が今に伝えている衣装の斬新さや美しさに目を見張らされること、たびたびである。皆さんは如何でしょうか。

話を本題にもどそう。天然起源の素材で染める染色法だけが長く続いたので、染めると言えば、この染め方、すなわち、植物の抽出液などで染める染色法のことを言うようになった。ところが、今日では合成化学染料を使う染色が主流である。当然のことであるが、合成化学染料による染色の歴史はまだ、わずか200年ほどにすぎません。

植物の抽出液で染めるという、歴史のある染色法には土地の名前や染色技法に由来する呼び名があっただけで、共通した呼び名は生まれなかった。ところが、この本来の染色が昨今、草木染めなどと一括(くく)りに呼ばれ、新参者のように認識されている。著者も最近、「草木染め」との言葉を聞くたびに、不思議に思うのである。ちなみに、“草木染め”なる呼び名は、1930年に染色工芸家の山崎斌が合成化学染料による新興の染色法と、本来の染色法とを区別するために提唱したことに始まると聞きおよんでいる。この呼び名が従来の染色をも包含するようになり、世間にも次第に受け入れられて今に至っているようだ。

・草木染めの広がり

草木染めは人が暮らしの中で学んだ経験や知恵を傾注しながら、一歩、一歩、発展してきた。例えば、昔、経文を刷る和紙を印刷に先立ち、キハダ樹皮を煮出した液で染めることを始めた。この染色はキハダの樹皮抽出液を虫が嫌がることを経験的に知ったがための対応でした。これ以降、キハダ染めは多用されるようになった。そして木綿の糸や布もキハダ抽出液で染めるようになった。この染色は染色された糸や布が防虫効果だけでなく、微生物に対する防菌効果ももつことを知ったためである。キハダ樹皮抽出液による染色は人の経験から飛び出した、おもしろい染色法である。

同様に、漢方生薬、民間生学などとして実績のある植物が、草木染めでも使われるようになったであろう。いくつか例示してみる。アカネ、ウコン、ムラサキなどの根系、ロッグウッド、スオウなどの心材、ベニバナの花、ヌルデの若葉に生じたコブなどである。どの生薬も優れた薬効を示す、多彩な抽出成分を保有している。これら成分の中には酸化して有色化合物に変わるものが多くあるので、染料として常用されるようになったのは納得できる。

また、植物は一般に、タンニンに代表される、いろいろなフェノール性の抽出成分を保有しているので、フェノール成分を含有する植物が染料として使われるようになったのも当然の成り行きである。事実、どこの家の台所でも見られるタマネギの外皮、緑茶、紅茶、コーヒーなども、草木染めでは有力な染料素材なのである。

ある植物を染色の材料として採用したとする。染料用にと採取した植物は個体、採取時期によって染色における発色が微妙に違うのである。これは当然のことである。これこそが草木染めにおける発色差の原因であり、実態である。植物の保有成分の顔ぶれと各々の含有量は個体はもとより、採取季節でも違うことを思い出してみてください。

染めようとする布の質、木綿、麻、毛、絹などによっても、また、ミョウバン、お歯黒などと呼ばれてる鉄の酢酸塩などの媒染剤の添加によっても、染色における発色は変わってくる。したがって、草木染めでは原則、染色する糸や布などのロットごとに発色が違うと理解、納得しておいたほうがよいでしょう。これも草や木が保有する色素成分（二次代謝成分）が個体ごとに保有量が微妙に違うこととあいまって、当然のことである。

【著者の寸評】　草木染めを繰り返していると、染色のたびに発色が違うことに気づく。草木染めではこうした違いは当たり前なのである。これこそは草木染めのおもしろさである。著者も草木染めにはまったことがあるので、よく分かる。とにかく、草木染めには奥深く、魅力的な世界が潜んでいる。環境にもやさしい草木染めを手軽に楽しみたいものです。皆さんにはまず、スカーフやハンケチなどの小物を染めることから始められませんか。草木染はたのしいですよ。

【参考資料】・山崎桃麿他監修（2006）、『草木染めをしてみませんか　工房で、キッチンで』、淡交社。

○　シーボルトと日本植物コレクション

・シーボルトの二度の来日

日本が鎖国していた江戸時代にあっても、数多くの外国人が長崎を訪れていろいろな足跡を残している。このことは意外に知られていません。こうした来航外国人の一人にシーボルトがいる。彼は正式名をフィリップ・フォン・シーボルト（1796-1866）といい、バイエルン大公国、ブリュッセル生まれの人、今風に言えば、ドイツの人である。

シーボルトはビュルツブルグ大学で医学を修めて医師となった後、1822 年にオランダ王国の東インド会社に入社した。彼は翌 1823 年、同社の社員として長崎に来航した。そして、1829 年までの約７年の間、長崎に滞在している。なお、彼は最初の帰国から 30 年後の 1859 年にも来日し、約３年間滞在している。

シーボルトは東インド会社に嘱託医師として採用された。当時の医師は取りも直さず植物学者でもあった。したがって、当時の西欧の医師が薬草に精通していることは周知のことでした。彼が江戸時代末期の日本、長崎で、主に植物に注目して研究活動を始めたのは自然のなりゆきであったのだ。

さて、冒頭における“シーボルトの二度目の来日云々”との記述を意外に思われた皆さんも多いことでしょう。何故ならば、彼こそはかのシーボルト事件の当事者であり、スパイ容疑によって国外追放の処分を言い渡されて強制的に送還させられた人であったからである。こんな彼が再来日できたのには理由があった。さかのぼる 1858 年、日蘭両国は通商条約を締結していた。彼はこの締結記念の恩寵に浴して来航できたのである。彼の来日は自身の日本に対する熱い思いが後押しをしたのは言うまでもなかろう。加えて、彼は最初の長崎滞在中、楠本滝（たき）を妻として娶っていた。このことも彼の再来日を後押ししたに違いありません。

・シーボルトの日本での足跡

シーボルトの最初の長崎滞在中、日本の植物に注目して博物学的研究に専心するかたわら、長崎郊外の鳴滝に診療所兼学塾（通称名“鳴滝塾”）を開設していた。日本各地から集まってきた若者相手に西洋医学や一般科学などを熱心に教授した。伊藤玄朴、高野長英、高良斉など、多くが彼の薫陶をうけた。

シーボルトは長崎滞在中、日本各地に戻って行った門人たちに助けられ、植物だけでなく、地理、歴史、民俗など諸学に関わる資料の収集に打ち込んだ。彼が熱心に集めた資料は後年、「日本」、「日本植物誌」、「日本動物誌」などの著作となって結実した。

シーボルトが1828年に帰国するに際し、徳川幕府、御書物奉行兼天文方の高橋景保から贈られた日本測量図の持ち出しが発覚して大騒動となった。彼は一年間の軟禁の後、再度の渡来禁止を言いわたされて放逐された。これが上記の、高橋景保を獄死にまで追いやった“シーボルト事件”のあらましである。

さて、オランダに戻ったシーボルトは膨大な日本関係資料の整理と資料に依拠した執筆に専心、没頭した。最初の帰国では、彼は植物関係資料だけでも2,000余種の植物、12,000余種の植物標本、植物画などを持ち帰ったとされる。これらの入手においては、上記の鳴滝塾での教え子を経由する方法に加え、患者治療の代価として資料を入手するなど、資料収集では大変に苦労している。彼の資料には多くの人々の苦労もつまっていた。

シーボルトは膨大な日本資料をもとに、「フロラ・ヤポニカ」などの著作を公表した。特に、「フロラ・ヤポニカ」に採用した植物画は精緻で美しく、大評判であった。この影には多くの植物を描いて彼を応援した日本人画家がいたことも触れておく。

植物画の描画における応援者の筆頭は川原慶賀である。川原はシーボルトに心酔し、彼の眼となった。彼が見たものを正確に写し取るように務めたと言われている。川原の手による植物画は 300 を越えたという。川原のように彼に協力した画家は他にも、桂川甫賢、清水東谷などがいる。なお、彼の日本関連資料はその後、一括して「*Flora Delineationibus*」と呼ぶコレクションとなった。

・シーボルトの日本コレクション

シーボルトの膨大な日本関連コレクションは彼の没後、シーボルト家によって売りに出された。コレクションはこのために、ヨーロッパ各国に分散することになった。コレクションの主要部分を購入したのはロシア国の皇帝家でした。これには理由があった。同国の植物学者、カール・イワノピッチ・マキシモビッチは、コレクション、*Flora Delineationibus* の価値をよく理解していて、皇帝家に強く勧めて購入させた。なお、シーボルトの膨大なコレクションは現在、ロシアの他には、彼の生国のドイツ、彼が勤めた東インド会社ゆかりのオランダ、そしてイギリスなどに分散している。そして、それぞれの国において今も大切に所蔵、維持されているという。

シーボルトはロシア皇帝家とは深い因縁があった。彼の有力スポンサーの一人がロシア皇帝、ニコライⅠ世でした。このためであろう、彼は日本の樹木、キリに学名をつけて公表するに際に、同家に敬意を払っている。学名を *Paulownia imperialis*（現在は *P. tomentosa* に変更）とした。キリは日本でも高貴な樹木として認識されていたが、ヨーロッパにおいてもプリンセスの樹木、花嫁の樹木などと崇められていた（キリのあれこれ参照）。

シーボルトによるキリの学名命名、登録の実際である。彼はスポンサーであったロシア皇帝のニコライⅠ世とその姉のアンナ・パブロバナに感謝したのである。姉君はオランダ王国のウイレムII世に嫁して后となっていたのだ。キリの学名のうちの属名の創設において后の名前を織り込んで、名を後世に残すように計らった。これは彼流の感謝表意でした。

【著者の寸評】　シーボルト没後のことであるが、ヨーロッパでジャポニズム旋風が巻き起こった。彼はこの旋風の火付け役の一人である。日本という極東の小国が世界の人々に名を覚えられ、文化的に認められてゆく切っ掛けをつくった恩人なのである。

また、シーボルトには二人の先達がいて、彼らから大きな影響をうけていた。その二人とは、ドイツのエンゲルベルト・ケンペル（1743-1828）と、スウェーデンのカール・シュンベルグ（1743-1828）である。両人はシーボルトに先立ち、個別に来日している。彼らはシーボルト同様、日本に関わる情報や文物を集めて帰国し、これらをまとめて公表公開している。彼らもまた、日本という国を西欧に紹介してくれた恩人である。

【参考資料】・河上ひとみ訳（2008）『シーボルト日本植物図譜コレクション』、小学館。

○高望みする日本人の犠牲者、アスナロ

・翌檜とは

漢字で、“翌檜”と書く樹木が日本に分布している。翌檜は清少納言の「枕草子」にも登場する樹木である。「あすはひの木、明日檜木（あすはひのき）にや。世俗にあすならうといふ木なり。檜の木に似て、材木につかう物也。」としてである。翌檜とは現在、アスナロと呼んでいる樹木のことである。平安の昔、アスナロ木材の有用さと限界はすでに認識されていたのである。

少し時代は降るが、長野県、木曽地方では昔からアスナロの優秀さを知っており、認めてきた。この地では江戸時代、アスナロをヒノキ、サワラ、コウヤマキ、ネズコ（クロベ）とともに、“木曽の五木”として高く評価していたのである。木曽の支配者であった尾張藩によってこの五木は大切にされていた。特に、五木はどれであっても、無断で伐採した者には重い罰則が科せられたという。このようにアスナロは元々、優良木の一つであった。

アスナロは植物分類学ではヒノキ科、アスナロ属に帰属される木本性の裸子植物である。学名は *Thujoopsis dolabrata* と言い、日本だけに分布する我国固有の樹種であり、世界的にも珍しい存在である。アスナロは本州北部から四国、九州にかけて分布している。特に、関東北部から木曽地方の天然性の森林では余所よりも頻度高く出現するという。

ついでに、北海道南部から本州北部にかけてアスナロとよく似た樹木、ヒバ（ヒノキアスナロ）が分布している。これは植物分類学ではアスナロの変種（*Thujoopsis dolabrata* var. *hondai*）として位置づけられている樹木である。青森県のヒバの林もたいへん見事なものである。ここでも、ヒバが昔から大切にされてきたことを物語っ

ている。

参考までに、アスナロ属樹木の化石がグリーンランドの新生代、第三紀の地層から多数出土すると聞いている。この事実はアスナロ属の樹木が大昔、世界的に分布していたこと、今よりも一般的な樹木であったことなどを我々に教えてくれている。なお、日本の林業関係者の中にはアスナロをヒバと呼ぶ者がいるので、時と場合によってはよく注意しなくてはなりません。

・アスナロ木材の優れた性状

ここで、日本人の暮らしと古くから深い関わりのあったアスナロ木材の諸性状を簡単に紹介しておく。この心材は暗黄色、そして辺材は淡黄白色であり、両材の境目ははっきりしません。また、春材から秋材への推移も明確ではありません。さらに、この木材は全体として鮮明さに欠けるのも事実である。なお、これらの見た目こそがヒノキ木材とは違う点である。

アスナロ材の木理、木目は通直で、肌目は緻密である。また、この材の気乾比重は0.47（ヒノキ材0.40（以下同様））、絶乾比重は0.43（0.44）である。さらに、力学的な諸強度も曲げ弾性係数が9.6(9.0) $x10^4kg/cm^2$、圧縮強さが370（400）kg/cm^2、曲げ強さが620（750）kg/cm^2、剪断強さが51（75）kg/cm^2などと報告されている。これら強度は紙面の都合上、これ以上詳しく比較はしませんが、並記したヒノキの材の諸データと比べても遜色ないものである。改めての指摘であるが、アスナロは優良な木材を我々に提供してくれている。

以上のように、アスナロは昔から、優良な木材を供給してきた樹木である点に間違いありません。しかし、アスナロやヒノキアスナロ（ヒバ）は以下でさらに述べるように必要以上に虐（しいた）げられてきたのも事実である。

・アスナロの可愛そうな宿命

日本人とは元来、とても欲深い質なのでありましょうか、あらゆる物や事について常に、最善、最良を望んだり、こうした物や事と比べてみる傾向がある。古人はアスナロやヒノキアスナロの命名に際しても、この傾向を発揮したとみられる。日本最良材のヒノキとつい比べてしまったようだ。

アスナロと同じヒノキ科に属するヒノキの木材は確かに、諸性状において優れており、誰もが「最良の木材だ」、「日本一だ」と認めざるをえません。ヒノキ材は日本だけでなく、世界においても屈指の良材であることは間違いありません。したがって、我らが先祖様たちもこのことに気づき、ヒノキの木材は古来より寺社、仏閣、宮殿などの建築用材として特別扱いしてきた。

このようなヒノキ材と常に比べられてきたアスナロ材やヒノキアスナロ材は気の毒である。ヒノキ材の素晴らしさをよく知っていた我らがご先祖様はアスナロの命名に際しても、「これもヒノキであったならば……」の思いをこめたようである。アスナロ木材の力学的諸強度は上記したように、際だって劣る点は一つも見つかりません。改めて、アスナロと命名したことこそが、アスナロの材がヒノキの材に近い。優良であることの証明だと気づいた著者である。

話がくどくなるが、アスナロ材を改めて見直してみても、アスナロ材の見た目、見てくれだけがヒノキ材のそれらに比べて、やや見劣りするだけのことである。アスナロは見た目だけで長い間、悲しい仕打ちをうけてきたと考えて良いようである。アスナロは清少納言の時代から、「明日はヒノキになれよ」と言われ続けてきた。割に合わない立場に置かれてきたアスナロに対し、著者は「アスナロよ、くさらない！　へこたれない！」と声をかけたくなってきた。

【著者の寸評】　話のついでにさらに一言述べておく。アスナロには ヒノキアスナロの他にも、変わり種が知られている。それはヒメアスナロのことである。この種はアスナロの矮小型で、学名は *Thujoopsis dolabrata* var. *nana* である。背丈が低く、枝もか細いので、和風の庭造りにおいて植栽木の一つとして珍重されてきた。下木、根締め、石付けなどとして庭に植え込むと、存在感を発揮する、おもしろい樹木である。地上に存在している命には、どれも存在する意味、意義があるのだと教えてくれる逸品である。

【参考資料】・貴島恒夫、岡本省吾、林昭三(1962)『原色木材大図鑑』、23 頁、保育社。

○ キリのあれこれ

・キリと平安文学

「七、五の桐(きり)」、「五、三の桐」などの言葉がある。これらの言葉はキリの花と葉をデザインした家の印(しるし)（家紋、紋章）を具体的に想起させる、簡潔な言い回しである。日本人はかって、文頭のような言葉を聞いただけで、キリの花と葉を巧みに配した家紋を想起できる人が多かった。

今少しこだわるが、七、五、三などの数字はキリの家紋を描く時、三枚の葉の上に並べて描く、キリの花の花房の数を示している。例えば、「七、五の桐」と言えば、三枚の桐の葉のうちの中央の葉の上に七つの花房からなる花を、そして、その両脇の葉の上には五つの花房からなる花をそれぞれ配した図柄の紋章を言い表すのである。

さて、桐の紋章は本来、十六枚の菊の花弁が丸く並んだ菊の花の紋章と並ぶ天皇家の印でした。その昔、天皇家は控えの印である桐の紋章を臣下に下賜して、称えることがたびたびあった。例えば、正親町(おおぎまち)天皇は羽柴秀吉に“豊臣”という氏族名とともに、五、三の桐の紋印を下賜した史実は有名である。これ以降、五、三の桐の紋印は豊臣家の家紋となり、“太閤桐”とも呼ぶようになった。

さて、天皇家の家紋にも採用されたほどに有名なキリであるが、この樹木は、中国が原産地である。キリもこの国から日本に数多く渡来した植物の一つであるが、渡来時期はよく分かっていません。ただ、随分古くのことであったことだけは確かである。その証拠に、奈良時代の都、平城京の跡地からキリの下駄が多数出土している。この事実はキリの渡来時期の古さと、日本人とのつきあいの長さを教えてくれている。

キリは日本の文学中にも古くから登場している。例えば、「万葉集」

に“琴はキリで作る……”との記述がある。また、「枕草子」では“桐の花むらさきに咲きたる……”などと美しい木の花としてキリの花が登場する。さらに、「源氏物語」では第１帖の巻名が“桐壺”であったり、“桐壺帝”と“桐壺の更衣”との悲恋などと、キリが重要なモチーフになっている。キリは古くより日本人にはなじみ深い樹木でした。

さらに、キリと紫式部に注目してみよう。キリは平安時代には高貴な樹木としての認識も高まり、宮殿内にも植えられるほどになっていた。キリは宮仕えをしていた紫式部も御所でいつも目にする、馴染みのある樹木であった。キリはまた、年々に薄紫色の花をつけるなどもあって平安人にはなじみ深かった。したがって、紫式部が「源氏物語」の執筆に際し、キリをまっ先に思い起こして構想したのはごく自然のことであったのだ。

・キリのプロフィル

キリの学名は現在、*Paulownia tomentosa* であるが、かって、シーボルトらによって *P. imperialis* と命名された（シーボルトと日本植物コレクション参照)。参考までに、キリの属するキリ属（*Paulownia*）は植物分類学ではゴマノハグサ科に括(くく)られている。

シーボルトはキリの標本をヨーロッパに持ち帰り、学名をつけて公表した。彼はキリの学名を命名、公表するに際し、属 *Paulownia* を新たに創設した。この *Paulownia* には、彼のスポンサーであったロシア皇帝ニコライＩ世に対して彼流の婉曲な敬意を払った意味が込められている。同皇帝が慈しんでいた姉、アンナ・パブロブナが、彼の雇用主であった東インド会社の国、オランダ王国の王妃となっていた事実を踏まえて *Paulownia immperialis* としたのである。

さて、キリという和名の呼称の由来であるが、切るとすぐ芽がでる、萌芽が旺盛に生長し始める、木目が美しい等々の、キリ材の諸特性にちなんでキリ（木理）となったと言われる。参考までに、キリの栽培家はキリの苗木を植えて二、三年を経ったところで、その幹を根元から切り落としてしまう。この後、萌芽が新たに芽生えてくる。この萌芽はとても活力に富んでいるので、これを育ててゆくのである。なお、この処方は“台切り”と呼ばれ、古来よりキリ栽培ではごく普通の手法である。話を本題にもどそう。

キリ木材は色白で、木目が美しく、艶（つや）がある。また、耐湿、耐乾性に富み、狂（くる）いの少ない良材である。加えて、本材は柔らかくて軽い（比重 0.3 と日本産材中最軽）ので、この材ならではの使途が開発されている。例えば、箪笥、長持などの和家具、琴などの和楽器、下駄のような生活用具である。特に、桐箪笥（たんす）は今も高級家具の代名詞である。ついでに、藤枝（静岡）、春日部（埼玉）、加茂（新潟）は桐箪笥の有名な三大産地である。

・キリ、キリ属の仲間、そして類似木

朝鮮半島にも分布している日本のキリに加え、アジアにはキリ属の樹木が何種類か分布している。代表的なものを紹介しておく。シナギリ（*Paulownia fargesii*）は中国北西部に分布している。また、同中南部にはココノエギリ（*P. fortunei*）が分布している。かつて、日本本来のキリ木材が不足した時、ココノエギリの材を輸入して代用としたことがある。このキリは生長が早いので、日本のキリの代用として植栽、利用されてもいる。淡黄色の花をつけるこのギリをご覧になられた方も多いのではと、著者は拝察している。

他にも、台湾に分布するタイワンウスバキリ（*P. taiwaniana*）も日本の桐材利用史上忘れられないキリである。この材は現在、“タイワンギリ（商品名）”と称して台湾から輸入している。さらには、南アメリカにもキリが分布しているので、これを“南米キリ（商品名）”と称して輸入している。

加えて、上記のキリ類と性状がよく似ているので、同様に取り扱われている木材がある。梧桐(ごどう)のことである。ただ、梧桐は植物分類学ではアオギリ科に属し、日本キリなどのゴマノハグサ科とは分類学上の所属が異なる。梧桐は学名が *Firmiana simplex* であり、和名をアオギリと称する。

以上、キリとその木材についていろいろ述べたが、外国産のキリ木材は日本のキリ木材、特に厳しい気候の福島県あたりで育った、年輪の詰んだキリ木材に比べると理学的諸性質が明らかに劣ると、キリ関連業界では評価され、認識されている。

【著者の寸評】　本稿で述べた科、目など、植物分類における分類区分、すなわち、分類群（taxon）について簡単に補足しておく。膨大な植物は植物“界（kingdom)”として一括(ひとくく)りされている。界の下に大きくから小さくへの順に、門（division)、綱（class)、目（order)、科（family)、属（genus)、種（species）と階段的に区分けされ、帰属されている。

本稿で述べたキリはゴマノハグサ科に属す。この科はゴマノハグサ目に括られている。一方、アオギリが属しているのはアオギリ科で、この科はアオイ目に括られている。上記から、キリとアオギリは植物分類学の上ではかなり遠い関係にあることが分かるのである。

【参考資料】・相賀徹夫編（1988)『園芸植物大事典　2』、78 頁、小学館。

○西欧も紙は最近まで手漉きで

・東洋と西欧の紙つくり

“西欧も紙は最近まで手漉きで”と、本稿の表題をつけたので、皆さんの中には怪訝な顔をされた方も多かったことでしょう。皆さんの戸惑いは日頃、見慣れている紙に関する固定観念のためだと著者は推測する。すなわち、今日、紙と言えば、まっ先に洋紙が思い浮んでくる。皆さんの怪訝な顔はこのことの理由なのである。今日では木材を原料としてパルプを造り、これを抄紙機で漉いて紙にするといった洋紙がまっ先に思い浮かぶようになっている、また、洋紙、今日見慣れている紙のルーツは西欧にあるとの強い認識も理由の一つであるだろう。

しかしながら、紙と言えば、本来は紀元100年頃、中国、後漢時代に蔡倫が考案した“手漉き紙”のことである。東洋生まれの手漉き紙製造法は長い時をかけ、中東を経由して西欧に伝わった。西欧でも以降、紙は18世紀の末頃までは東洋同様に、人が一枚、一枚漉いて造っていた。手漉きの紙、日本風に言えば、和紙は東洋、西洋を問わず、暮しの必須品でした。

西欧で機械漉きの紙、すなわち、洋紙を多量に製造し始めたのはフランス革命直後の1798年からである。同国のルイ・ロベールが手動式の抄紙機を発明したことが洋紙の始まりだと著者は了解している。洋紙の発明はわずか200年前の出来事である。

紙はルイの抄紙機によって連続抄紙が可能になり、大変わりした。丁度この時期、イギリスを中心に産業革命が進行中であり、生産業を中心に、革新的な社会変革の渦中にあった。これに併せて紙の需要も急増した。以降、西欧ではより効率の良い長網式や円網式の抄紙機も発明された。こんなこともあって、機械による抄紙法は西欧において急速に発展していった。

加えて、西欧では木材チップから繊維質だけを取得する砕木パルプ、ソーダパルプ、亜硫酸パルプ、クラフトパルプなどの蒸解法も次々発見された。この時期、西欧の紙製業界は世界を力強く先導していた。洋紙の勃興、その華々しい発展の足跡といった歴史をひもとくことも興味深いが、これは別の機会にゆずりたい。ここでは東洋と西欧で長い間維持されてきた手漉き紙に絞って話を続ける。

・西欧での紙つくりのはじめ

著者は今少し、手漉き紙造りにこだわることにする。東洋で発明された紙造り、手漉き紙の製造法が西洋、西欧にまで伝播したのは随分遅く、12 世紀始めのことでした。蔡倫による手漉き紙の発明以来、1000 年余という長い時間がすでに過ぎていた。

ここで、西欧に伝えられた蔡倫の手漉き紙製造法の概略を紹介しておく。①麻などのぼろ布を切り刻み、流水で洗う。②別途、草や木を燃やして得た灰を桶の水に投じ入れ、笊などで漉して灰汁を得る。③水洗済みのぼろ布細片を灰汁の中で煮る。④蒸煮した布細片を石臼でついて繊維状にする。⑤繊維状物を水洗する。⑥繊維を紙槽に移し、攪拌して紙原料液とする。⑦木枠に網を張った紙漉き器によって紙原料液から繊維を漉きとる。⑧繊維シート（紙）を紙漉き器ごとに乾燥後、紙を回収する。

西欧に伝播した手漉き紙製造法は中国で開発された製造法と基本的に同じであったが、東西それぞれがよって立っている歴史や文化などが違っていたのを反映したためである。紙の伝播直後から、その改良や発展は東洋とはかなり違うものになった。

まず、手漉き紙製造の原料を東西で比べてみる。東洋では当初、麻や麻の布が主に使われた。その後、麻や絹のぼろに始まり、楮皮、桑皮、檀皮、燎草などの植物性繊維質が使われるようになった。さらに紙の需要が増すにつれ、9 世紀には竹、16 世紀には稲藁も使われだした。これらはひとえに、人口の増加や文明の発展による紙需要の増加を受けた対応であった。加えて、日本では三椏や雁皮などの植物も使うようになった。東洋では紙との関わりが長いだけあって、原料の確保と利用に創意工夫の跡が窺えておもしろい。

一方、西欧では羊皮紙が使われていたこともあって、紙の原料は長い間、限られたものだけでよかった。亜麻布のぼろが主に使われた。産業革命後、木綿製品が盛んに造られるようになると、木綿のぼろも主な原料に加わった。18 世紀中頃になると、西欧では木、草、苔、蜂の巣なども使われだした。なお、木材チップを使う洋紙製造が本格化するのは、砕木法や、様々な化学蒸解法が定着した 19 世紀になってのことである。

・西欧における紙つくりの工夫

西欧の手漉き紙製造の発展において見落せない点がいくつかある。まずは、サイジング（滲み止め）と透かし技法の開発であり、工夫である。柔軟な毛筆によって墨の濃淡が引き起こす滲み具合を愛でながら書く漢字とは対照的に、硬いペンでインクによって繊細に書くアルファベット文字では、インクのにじみは極度に嫌われた。

西欧においては、紙の伝播から程なくして、滲み止め対策が検討され始めた。これも、上記の事実を知れば納得できましょう。紙の表面を磨いたり、叩いたりして紙面の密度を高めるようなことに始まり、膠、次いでロジン（松ヤニ）によって滲みを止めることへと工夫は進展していった。西欧の手漉きの紙は東洋とは違った方向に向かって進歩し始めた。

滲み止め対策に加え、13 世紀末、イタリアの製紙工場では工場名や品質を保証する印として透かしを入れることが始まった。この透かし技法はその後、西欧中に広まっていった。透かし技法は以降も改良・改善が続けられた。細かな凹凸によって透かし模様を描いた金網上に繊維を漉きとる、黒透かし法が開発、利用されるようになった。この技法は今も引き継がれており、世界中の紙幣造りなどにおいて活用されている。

【著者の寸評】　西欧でも手漉き紙は今も造られている。西欧の手漉き紙製造も手間暇がかかるのは東洋と同じで、生産量が少なく、高価なものになっている。したがって、手漉き紙の主な使途は美術や工芸の分野であり、どの分野でも、こうした紙は大切に使用されている。

　日本では今も、各地に個性的な手漉き紙が多数残っている。しかも、どれも得難い一品ばかりである。それぞれを途絶えさせることなく、将来に伝えてゆきたいものである。しかし、世の中の歩みがこれを赦すであろうかと、気掛かりな著者である。

【参考資料】・坂本雅美（2001）、『紙の大百科』、50 頁、美術出版社。

○　タケとササのあれこれ

・竹と笹の区分

日本では古くから、慶事、おめでたい時に松、竹、梅などの植物を飾る習慣が始まっていた。例えば、竹である。竹がよく目立つ縁起物と言えば、正月の門松飾りである。これには松や梅なども一緒に添えるが、どう見ても門松飾りは竹が主役の飾り物である。特に、豪華な門松飾りでは青々とし、節がアクセントの、丸い竹竿が中心に立てられる。そして、その根元には松の枝、梅の枝、葉ボタンなどが添えられる。さらに、葉の縁が白く縁取られているクマザサがおめでたい縁起物として加わることもある。

ここで唐突であるが、「竹と笹の違いは何ですか」と、皆さん方にお尋ねしたい。この答えである、両者の簡単な区別法は以下のようである。竹や笹は毎年、皮に覆われた筍（たけのこ）を土中から生じるが、筍が生長した後、その皮を落としてしまう一群を“竹”という。これに対し、皮がいつまでも残っている一群を“笹”という。双方は筍生育後、桿部分に皮が、残っていない、残っているかによって容易に見分けられるのだ。

竹類や笹類は植物分類学では通常、イネ科に帰属する。また、分類学者によってはイネ科に亜科、すなわち、タケ亜科を設けてタケ類をまとめて帰属している。昨今、日本で見られるタケ亜科の植物は約660種に及ぶという。ついでに、タケ亜科植物はタケ類とササ類とともに、バンブー類を加えた三群によって構成されている。

本稿では主にタケ類とササ類に注目してゆく。ちなみに、タケ類とササ類の染色体の数は48である。対するバンブー類は72である。バンブー類の染色体数は他の二つの類の一倍半になっている。したがって、染色体数の違いから、バンブー類は他の二つの類よりも進化した集団だと了解できる。

加えて、日本で現在確認できるタケ類にはマダケ類、ナリヒラタケ類、トウチク類、シカクダケ類、オカメザサ類などがある。同様に、ササ類にはクマザサ類（ササ類）、メダケ類、カンチク類、ヤダケ類、アズマザサ類などがある。また、バンブー類にはホウライチク類、シチク類、マチク類などがある。

・竹と笹にまつわるエピソード

日本ではかって、竹藪は「畑なのか」、「山なのか」が問題になった。第二次世界大戦直後、国が農地を解放し、再配分した折の話である。地主と小作人の間で訴訟がいくつも発生した。国は当時、農地の有り様、地主による農の寡占状態を問題視し、改めようとしていた。すなわち、小数の地主に偏在していた農地を小作人にも分け与え、自営農業者を増やすことを目指していたのだ。参考までに、国はこの時、山地は農地解放の対象外とすることを決めていた。

竹藪に関する訴訟では小作人側は、竹藪は筍を得るために雑草や雑木を刈り取り、地を整え、施肥するなど、普通の畑地の作業と何ら変わりない施行を行っている。また、こうした竹藪を“ハタハタ”と慣例的に呼んでいるので、畑地扱いするのは当然だと主張した。一方、地主側はタケは昔から多年生の樹木と同じ取り扱いをしてきた。また、畑作物中にはタケのような作物を見いだせない。したがって、竹藪は山林であるとの論陣を張った。

小作人側、地主側ともに主張をゆずらなかった。そこで、裁判所は次のような裁断を下した。筍という野菜の収穫を目的とする竹藪は若い茎、すなわち、筍の収穫を目指すので、アスパラガスの畑と同じである。また、竹材の収穫を主目的としている竹藪は筍の収穫が期待できるモウソウチクの林であったとしても、山林とすべきである。以上の点から、竹藪は農地解放の対象外とするとの苦しい判断を下したのである。

続いて、タケ類は「草類なのか」、「樹木類なのか」との学術上の問題も発生した。タケ類は一般に樹木扱いしているが、成長ぶり、茎の断面、肌の色や開花の形式などの点では、樹木類よりは草類に似ている。また、植物分類学ではイネ科植物に帰属している。なお、イネ科植物はイネやムギで代表されるように、草本類が中心を占める植物群である。加えて、タケ類は生長活動においても、マダケなどのように数十日で生長を終える、地下茎で繁殖する等々、樹木類とは多くの点で違っている。

さらには、タケ類の中には何十年目かに一回だけ、一斉に開花し、枯死してしまうものがあるなど、草本類の特徴を強く示すことが多い。一方、タケ類にはホウライチク類のように、何年もの歳月にわたって伸長、生長するものや、一株中の幾本かが毎年、開花するものがある。したがって、タケ類は樹木でも、草でもなく、竹であるとの見解はより説得力がある。樹木か、草かのいずれかと、どうしても区分しなければならないとすれば、本稿途中で既に述べたように樹木とすべきだとなった。

・竹や笹の研究側面

小形のタケと言えるササ類の分類や命名、さらには研究においても、日本人研究者の足跡が多々確認できるのは、何かしら嬉しいことである。例えば、イネ科植物には日本語がそのまま学名となった *Sasa* 属が存在する。日本では、*Sasa* 属は 64 種が分類でき、それぞれは帰属されている。例えば、*Sasa veitchii* と言えば、クマザサのことであり、これは山野だけでなく、庭の片隅でもみかける、日本人に馴染み深い植物である。同様に、ササの学名（属名）などに日本人研究者の姿が垣間見られる。例えば、*Shibataea* 属はササ類の最小区分単位の属名である。そして、*Shibataea Kumasaca* である。オカメザサのことである。ほほえましいことである。

ついでに、ササ類の中には今も、筍や実を食用としていることの他にも、ビタミンK、抗菌・防腐成分などを含む葉部をお茶にすること、ちまきを長持ちさせるためにササの葉で包む等々、広く利活用されている。

【著者の寸評】　日本では昨今、タケやササの林が手入れの行き届かない山や畑にまで進出していろいろ物議を醸している。とは言え、こんなタケやササをむやみに切り払うのは考えものである。著者に言わせれば、タケやササは研究対象としても面白い存在である。

著者はかって、美しいマダケの藪が一斉に枯れるのを目の当たりにしたことがある。拙宅の防風林であった竹藪が見る影もなくなってしまったのである。植物の不思議さを目にした。この一斉枯れすら、まだよく解っていないのだ。知らないことの多いタケやササをまず学びたいものである。これはタケ、ササのためになるだけでなく、自然のためにもなると著者は常々考えている。

【参考資料】・室井綽（1975）、『竹・笹の話 よみもの植物記』、図鑑の北隆館。

○　樹木を喫する

・実を飲む、食べる

人は樹木を始めとする植物の恵みを食物や嗜好品などとしても広く利用している。これらのうち、ここでは、「樹木を飲む」とでも言うべき利用事例に絞って紹介する。この事例は二つに大きく分けられよう。一つは樹木の実、種子、葉などを加工して飲む場合である。今一つは樹木の樹液を直接または間接的に飲む場合である。

まずは、実、種子、葉などを飲む場合の話である。この例にはココア（カカオ）、コーヒー、チャなどが想い浮かぶ。ポリフェノールを多量に含むとして最近、注目されているカカオから話すことにする。カカオはココアと呼ぶことがあるが、この呼びかけは間違いである。ココアはカカオの実からつくられる飲み物のことをいうからである。

カカオ（*Theobroma cacao* アオギリ科）は本来、赤道直下の中南米が原産地であるが、今日では赤道を挟む南北 10 度以内の地域で栽培されている。その結果、カカオは最近では、チャ、コーヒーに次ぐ世界第三位の栽培規模を誇るようになっている。カカオはラグビーボール型の果実が幹に直接着く、珍しい植物である。果実は熟すと、黄褐色や紅紫色に変わり、大きさも大人の拳よりも一回り大きくなる程度である。

カカオの果肉中には 50 個ほどの種子（豆）が潜んでいる。中南米では古くからこの豆が食べられていた。例えば、マヤの人々はカカオ豆とトウモロコシの実を砕いて粉状にし、これにトウガラシと水を加えて練り上げたペースト状物を常食していた。16 世紀初め、スペイン軍が今のメキシコ辺りを征服した折、この食べ物に出会った。彼らは辛いトウガラシを、砂糖やバニラと入れ換えて食べ始めた。これがその後、チョコレートへと変わっていった。

カカオ豆の利用に関する話である。カカオの熟した果実を収穫後、果実皮を取り除き、種子（豆）が果肉に包まれた塊を得る。この塊をバナナの葉などで覆い、３～４日間放置して発酵させる。発酵では、野生の酵母菌や酢酸菌が豆表面の炭水化物系粘質物を分解してアルコールや酢酸へと変える。

カカオ果肉の分解物が豆の内部に染み込むと、内在する酵素を刺激し、内容物も酸化し、変質させる。変質物は特有の風味を醸し出すようになる。発酵済みの豆を 130～140℃で焙煎機で炒る。焙煎によって豆のタンニン成分は変質して苦みを失う。また、豆はココア風味を呈するようになる。豆から種子皮を機械的に除いた後、裸になった豆を加温、加圧すると、脂が溶け出て、粘っこい粘質物に変わる。これをカカオペーストと呼ぶ。

カカオペーストを蒸気加熱式の水圧機に移して圧搾する。この処理で得られる脂をカカオバターと呼ぶ。カカオバターはステアリン酸、オレイン酸、パルミチン酸などがグリセリンと結合したグリセライドである。カカオバターを搾取後、残留物を乾燥し、粉末状にしたものが、飲物として知られているココアである。飲料用のココアはカカオバターを絞り尽くさないで、いくらか残すのがよいとされている。また、カカオペーストに砂糖、牛乳、香料、デンプン、カカオバターなどを加えて練り上げたものがチョコレートである。

ついでに、カカオの葉や種子はアルカロイドのテオブロミンを含んでいる。ココア製造後、残された種子皮からテオブロミンを採取している。テオブロミンはカフェイン同様の興奮作用を発揮する、中枢神経や心臓横紋筋に働く、あるいは腎臓に機能する成分である。テオブロミンの効果はカフェインのそれよりも穏やかだとして重宝されている。

・葉を飲む

葉を飲むと言えば、茶である。茶は世界で最も好かれている飲み物である。茶の製造にはツバキ科植物、チャの葉芽や若葉が使われる。チャの学名は *Camellia sinensis* で、二つの品種、中国系小葉種（*C. sinensis* var. *sinensis*）とインド系大葉種（*C. sinensis* var. *assamica*）が存在する。しかし、チャは元々交雑し易いので、交配雑種が多く存在している。これらの茶葉は各々独特の特徴があり、製茶すると香りが微妙に違う。

茶は製造工程の違いによって発酵茶（紅茶）、半発酵茶（ウーロン茶、包種茶）、不発酵茶（緑茶）に三分されている。紅茶はタンニン含量の多い茶葉が、緑茶はタンニン含量が少なく、アミノ酸含有量の多い茶葉が、また、ウーロン茶は前の二者の中間に位置する茶葉が使われている。

茶と言えば、どれも香りが命である。茶それぞれの香りは製造条件、原料である茶葉の品質（茶樹の品種、生育条件、茶葉の塾度）などによって影響を受け、違ってくる。以下に茶ごとに香りのあらましを述べておく。

（緑茶）　緑茶は特に、新茶（一番茶、春茶）の香りが貴ばれている。この茶に関わる香気成分は *cis*-3-ヘキセノール、*trans*-2-ヘキセノエート、ジメチルスルフィド、インドールなどである。これらの成分は茶葉中に元々存在していたと考えてよい。なお、緑茶は製造の始めに蒸熱あるいは釜炒りするので、葉中の酵素は失活する。この処理以降は酵素による成分の変化は起こりません。

（ほうじ茶）　夏茶や、品質の劣る新茶（番茶）を180℃付近の温度で焙じて、独特の香りを高めた茶製品をほうじ茶と呼ぶ。ほうじ茶の香り成分量は番茶のそれの３倍だという。その主体はピラジン類、フラン類、ピロール類など、チャ本来の成分であり、コーヒーや麦茶の香り成分とも同じ成分である。上記以外にも、フェニルアセトアルデヒドや、カロチノイドの分解物であるβ-ヨノン、ジヒドロアクチニジオライドなどの甘い香り成分が焙煎によって増える。これら成分が合わさってほうじ茶特有の香りが生まれる。

（紅茶）　紅茶は茶葉を萎凋、揉捻、発酵などの処理を施して製造するので、茶葉本来の成分が様々に変化して多種多様な香気成分が生まれる。紅茶は発酵させるので、茶葉のそれとは違った成分も保有することになる。茶葉の脂質成分であるリノレン酸から *trans*-2-ヘキセノール、cis-3-ヘキセノールなどが、リノール酸からはヘキサナール、*trans*-2-ヘプタナールなどが、また同様にカロチノイドから *cis*-6-ヒドロキシジヒドロテアスピラン、*cis*-テアスピランなどが発酵処理で生み出されて紅茶の香りを造りあげている。

・樹液を飲む

著者は樹液と聞くと、カエデのシロップがまっ先に思い浮かぶ。午後3時のティータイムである。紅茶が入れられ、これにホットケーキが添えられて登場する。紅茶の香りが漂う中、次にメープルシロップの登場を願うのは著者だけでありましょうか。メープルシロップはカエデの一種、シュガーメープルが春先に湧出する樹液を集め、30分の1程度に煮詰めた甘味料のことである。カナダ産のものは特に人気がある。主成分はショ糖であり、やさしい甘さが身上である。なお、メープルシロップをさらに濃縮した製品をメープルシュガーと呼び、ケーキの甘味料やタバコの香料として特異的に使われている。

樹液の利用事例は世界各地で散見できる。樹液飲料の代表はカンバ類の樹液である。ロシア、中国、韓国などではシラカンバの樹液から飲料が造られている。日本でも少し前、北海道北部の美深町でシラカンバ樹液の飲料が町おこし産品として造られた。この飲料は新千歳空港の売店でも手に入るので、口にされた方も少なくないでしょう。古い思い出となったが、著者もこのほのかな甘みを賞味しつつ、厳しい冬を生き抜き、春を待って樹液を湧出したシラカンバのたくましい生命力に思いをはせたことがある。

樹液の利用はサトウヤシの場合もよく知られており、有名である。このヤシはインドからマレーシアにいたる地域が生育適地であるが、今では南アジア全域で栽培されている。サトウヤシは糖度が８％余と濃いので、この地の人々は樹液を煮詰めてヤシ糖（ショ糖が主体）を造ったり、“アラック”と呼ぶ酒を醸造している。

さて、樹液は特定の樹木に限ったものではありません。どの樹木も保有している。樹液は樹木の体液であり、師部組織や木部組織を介して往来していて、樹木を養っている。例えれば、動物における血液である。各種の糖、アミノ酸、ミネラル、ビタミンなどを含んでいる。樹液の理解はまだ始まったばかりであり、よく解っていないことも多い。樹液は医薬品や化粧品などの分野で期待できる未開発資源である。著者は樹液研究の一段の進展を期待している。

【著者の寸評】　植物からの恵みはいろいろあるが、本稿では樹木を飲むとしてまとめてみた。特に、樹液は興味深い利用対象である。本稿では紙面の都合もあって詳しく述べなかったが、樹液には、樹木表面に分泌・滲出するもの、傷害などによって湧出するものなどがある。樹液は大変おもしろい研究対象である。若い研究者さんが参入され、そして、樹液を研究してみませんか。皆さんの健闘に期待しています。がんばれ！　若い研究者！

【参考資料】・阿部勲ら著編（2010）、『木の魅力』、28－34 頁、海青社。

第４章　地球環境復元の救世主と助っ人の資質

○　温暖化問題の改善で植物を頼みとする理由

・地球とその住人たちの危機的な状況

植物を永年学んできた著者は、植物が多彩、多能な生き物であり、各々が優れた能力を秘めていることを知っている。そして、各能力を高く評価し、崇敬してもいる。一方、地球とその住人たちは深刻化する地球環境の悪化に苦悩を深めている。二酸化炭素排出量の増加に起因する温暖化関連の諸問題、様々な廃棄物増加による負荷の増大、飼育・養殖動物の排泄物による河川や海洋の汚染と富栄養化等々、止むことのない地球環境悪化の現状には目を覆いたくなる。ここでは悪化した地球環境の改善に植物が最も役立つことを改めて話しておきたい。

植物はかって、上記のような惨状の多くに巧妙に対処して修復・復元してきた。この植物が特に近年、森林破壊などによって減り続けている。植物は止むことなく、焼かれたり、伐倒されたりして減少し続けている。残念なことに、この悪しき歩みは反省したり、自重されることもなく、一段と増幅されている。この結果、植物による陸地被覆率は30%をきってしまった。本稿では植物と最も関わりのある温暖化問題にしぼり、その改善に植物が果たせる役割について改めて考えてみる。

・二酸化炭素の地球内循環

温暖化問題の最大の元凶は二酸化炭素であり、その尋常でない増え方こそが問題なのである。二酸化炭素は元来、陸地、海洋そして大気の三者間で巧妙にやり取りされ、始末されていた。この有り様を専門家は“炭素循環”と呼ぶ。まず、この本来の炭素循環について具体的に話そう。

著者の二酸化炭素循環に関する話の始めは陸上である。植物は呼吸活動によって大量の二酸化炭素を放出しているが、光合成によって自身の二酸化炭素放出量以上を吸収している、そして固定、無毒化してもいる。二酸化炭素放出量と言えば、植物以外の生物も呼吸活動によって放出している。また、土壌からも二酸化炭素が放出されている。加えて、人がその活動によって膨大な量の二酸化炭素を放出、放散している。これら二酸化炭素の吸収と放出の収支を考えると、今日では放出量が圧倒的に多くなり、大気中には二酸化炭素が年々増え続けて貯えられている。

続く海洋においても、海水自身が大量の二酸化炭素を放出したり、吸収したりしている。また、サンゴに代表される海の生物たちも同様の生命活動によって二酸化炭素を放出したり、吸収したりしている。海洋だけに限れば、今も二酸化炭素の吸収量が放出量を大きくしのいでいるのである。

そこで、陸地と海洋を併せた二酸化炭素の収支である。二酸化炭素の放出量が吸収量を圧倒するようになってしまったのが今の地球である。産業革命前と、その後しばらくの間は陸地と海洋を合わせた二酸化炭素の吸収量は同放出量を大きく上回っていた。こうした時代の地球は温暖化問題とは無縁でした。しかし、最近では年毎に二酸化炭素が大気中に溜まり続けている。増え続ける。そして、二酸化炭素が大気、陸地そして海洋を温めているのだ。これこそが今の地球と炭素循環の図式である。

さて、1990 年代の 10 年間と、2000 年から 2005 年まで 6 年間のデータであるので、2020 年の現時点ではもう古いものになっているが、二酸化炭素の収支をより具体的に考えてみる。なお、以下では二酸化炭素量でなく、炭素量に換算し直して簡潔な話として進めてゆく。1990 年代には陸地で年平均 64 億トンの炭素が放出された。このうち、22 億トンは海洋が吸収した。そして、10 億トンは陸の植物が吸収した。残りの 32 億トンが大気に放出され、行き場無く大気中に滞留して、地球そのものを温めていた。

次は 2000 年から 2005 年までの間での話である。陸地では年平均 72 億トンの炭素が放出された。上記の試算値と比べ、12.5%増えた。このうちの 22 億トンは上記と同様に海洋が吸収してくれた。そして、9 億トンを陸上の植物が吸収した。ところで、この植物吸収分が上記よりも 1 億トン減っているのに気づかれましたか。これは、ほんのわずかな間に広大な森林が消えたことを教えてくれています。言い換えれば、大気中へ放出された炭素（二酸化炭素）が 28.1%も増えたことである。残りの炭素 41 億トンが大気中に漂いながら地球を温めていることになる。

2020 年の時点での地球の植物による被覆率は約 25%にまで落ち込んだと推測される。これは“緑”の驚き、かつ憂うべき急減を意味している。したがって、二酸化炭素は大気中に年々歳々積み増されており、地球温暖化を加速していることになる。改めて、現状は地球とその住人たちにとって緊急事態だと言わざるをえません。地球は今や、切羽詰まった状況にあるのだ。

・温暖化軽減と植物の能力

続いて、世界各地に成立、現存している森林の生産性（本稿では二酸化炭素固定能と読み替える）を大雑把に比較してみる。亜寒帯・冷温帯地域の森林が毎年生成し、増しているバイオマス（生物量）を 1 と仮定すると、暖温帯地域のそれは約 2 倍になる。そして、熱帯・亜熱帯地域のそれは亜寒帯・冷温帯地域のそれの約 4 倍になる。熱帯や亜熱帯の森林の重要さがよく分かる。

熱帯地域の森林は予想以上に生産性が高く、二酸化炭素固定能が高いのである。改めて、熱帯地域の森林を大事にしなくてはならないことが分かる。なお、参考までに、人が耕作、維持している畑や水田などの生産緑地は二酸化炭素を固定する能力が予想以上に小さいことに注目しておきたい（森林破壊とその心配事を参照）。炭素固定能力に富んだ熱帯林を潰して牧畜地にしたり、トウモロコシ畑にしようなんぞは、事を知らない、愚か者の行うことである。しかし、現状ではこれがまかり通っているのだ。実に情けない仕儀である。

森林、特に熱帯林や亜熱帯地域における森林を復活・復元することこそは温暖化問題改善のためには急務である。地球はかって、90%が植物で覆われていた時代もあった。この時代は地球とその住人たちにとって、地球はパラダイスであったことだろう。被覆率 25%近くにまでに落ち込ませてしまった人とは誠に罪深い生き物である。

ここで、植物による地球の復元が叶った時の、夢のような話をしておこう。森林、特に熱帯林の再生、復元が順調に進み、植物による地球の被覆率が現在の約３倍、約 75%までに高められたとする。この場合、陸地の森林だけで毎年、26～28 億トンの炭素量が固定できるようになる。こうした数値を上述の 2000 から 2005 年までの諸数値を見比べながら考えてみる。

大気に残留せざるをえなかった二酸化炭素量 41 億トンの約 67%を吸収させ、減少できるのである。なお、正直に書き添えるが、緑の復元では完了までに時間のかかることだけが難点であるが、地道に押し進めねばなりません。また、復元できた森林の生み出す効果・効用なども併せて評価しなくてはなりません。酸素放出量の増大とその波及効果、異常気象、干害、干魃、巨大台風などの軽減で示される効果・効用等も、個々に評価するのである。皆さん、緑の復元の効果・

効用を自ら予想してみてください。

いずれにしても、止むことを知らない人口増加の中、大気中に年毎に蓄積、増加し続けている二酸化炭素を減らすことこそは温暖化問題改善・解決の基本であり、原点である。なお、最近、盛んに唱えられるようになった“脱炭素”社会の構築構想なども温暖化問題の改善、解消には当然必要な事々である。こちらの挑戦も同時に進めてゆかなくてはなりません。

例えば、電力を化石燃料や原子力の依存から、陽光、風力、地熱などの自然エネルギー依存へと切り替えてゆくことも森林の復元に並ぶ、価値ある挑戦だと著者は考えている。こうした挑戦も積極かつ精力的に押し進めてゆかねばなりません。

加えて、自動車を電気自動車や水素自動車などに切り替えてゆくことも当然、上記同様の挑戦である。著者が思うに、特に、水素自動車は期待できる。エネルギーを得た後の生成物が無害の水であるからである。こちらの推進も温暖化の弊害軽減、解消には不可欠である。改めて、今、人が直面している温暖化起源の諸弊害は多彩であり、いずれも規模が年とともに大きくなっている。したがって、いずれが欠けても、事は成し遂げられないことを理解すべきである。地球温暖化という危難打開に向けていろいろな対策を組み合わせて推し進めてゆかねばなりません。これらの対応は地球とその住人たちのために、速やかに実行しなくてはなりません。

【著者の寸評】　著者は地球環境問題の改善に植物が最も効果的に、しかも大きく寄与できることを説くために、本随筆を書いた。温暖化は異常気象を筆頭に様々な問題を生み出し、地球とその住人たちだけでなく、その元凶であるヒトにも大きな負荷となってのし掛かってきた。諸問題はヒトが引き起こしたのは間違いない。難問題解消に最も効果的な対応は“森林の復活”である、これに人は責任を果たさなくてはならない大事業ではあるが…。

森林の復活にはまず、いろいろな視点からの考え、実行することが必要である。例えば、地球本来の有り様をよく知ること、依存する植物をよく理解し、知ること、森林の復活事業を推進する組織や人を考えること等である。

【参考資料】・寺門和夫 (2008)、『図解雑学　地球温暖化のしくみ』、１－216 頁、ナツメ社。

○　地球本来の有り様を知る

・奇蹟の星、地球

地球は約46億年前に誕生した、奇蹟の星である。奇蹟と言われる理由は地球が太陽から絶妙な距離、1億5,000万kmに浮かんでいることにある。地球は太陽から近すぎず、遠すぎずといった絶妙の距離にあるのだ。また、地球は惑星として大きすぎず、小さすぎずといった適度な大きさであることも幸いしている。

加えて、地球は窒素と酸素が中心の大気に包まれるように変わってきたという幸運にも恵まれた。なお、生物の生存に必須の酸素の多量発生は酸素発生型光合成生物の誕生以降、始まった。この生物は約25億年前に誕生し、繁栄し始めた。その結果、大気の酸素濃度は次第に増えてゆき、そして、地球の大気は生物にとってより好ましい状況にと次第に変貌していった。

地球の大気は地表を保護する層であるとともに、保温する層でもある。特に、4億年ほど前には紫外線に対抗できるオゾンの層も形成されるようになり、地球の生物防御機能はより一段と向上していった。すなわち、生物が太陽から届く宇宙線の害から守られるようになったのだ。また、大気による層は地表から放散される熱線の逃散を防ぐようにも働き、地表の平均温度を約15℃に保てるようになった。この結果、地球は多彩な生命を育める星へと変わっていった。そして、いろいろな生命が生まれるようになり、多種、多様な生命体で溢れるようになった。

この地球が今、誕生以来最大の危機に直面している。地球に生まれた生命の一つにすぎないヒトの急増とその並はずれた活動によって、地球自身とこの星を拠り所としている住人たちは危機に曝されるようになってしまったのだ。特に、ヒトが引き起こした温暖化、森林破壊、廃棄物・排泄物問題などの心配事は、ヒト自身だけでなく、地球星上の全乗員の首をも絞め上げている。これらが引き起こしている危機は最早、座視できない事態に立ち至っている。地球は本来の有り様とは著しく違い、大変いびつな星になってしまったのである。そこで、本稿では奇蹟の星、地球本来の有り様、すなわち、かっての地球の姿を知り、再認識することに注目してみた。

・大空本来の姿と変化

地球の今の大気は本稿冒頭でも述べたように、酸素、窒素、オゾンなどで成立している。大気は量が多いほど、また、その層が厚いほど基本的には有害な太陽光の反射能が大きくなる。さらに大気は地表から発せられる赤外線を受け止め、大気自身や地表を穏やかに暖めてもいる。加えて、オゾン層は太陽から届く、有害な紫外線を吸収して地表の生き物たちを保護しているとともに、赤外線を受け止め、吸収している。

気圏と呼ぶこともある大気の層は通常、地上約 100km の高所を境にして、地球側の均質圏と宇宙空間側の非均質圏に大別できる。均質圏では大気が乱流や対流と呼ぶ流れによって、たえず攪拌されているので、ほぼ均一になっている。ただ、不思議なことに、水蒸気とオゾンだけは例外であって、均質な層の中に固まりとして局在している。対する非均質圏では十分に攪拌されないので、上方ほど分子量の小さい気体が増えるといった不均質が保たれている。例えば、地上 100km から 500km にかけては電子やイオンがさまざまな濃度で偏在局在している領域であり、電離層と呼んでいる。また、ここではＤ層、Ｅ層、Ｆ１層、Ｆ２層などと呼ぶ諸層も並存している。

大気の層は温度（気温）で分ける場合もある。この場合は地上高 50～60km 当りを境とする圏界面を設定している。圏界面を境に地球側を対流圏、宇宙空間側 50～60km までを成層圏としている。対流圏内では大気の大循環を始め、いろいろな気象現象が起きており、刻々と変化している。なお、対流圏では上部ほど温度が低く、-50〜-80℃にもなっている。

今日、問題になっている温暖化は、対流圏内での最近の変化変動幅が本来の変化変動幅を越えてしまい、地球とその住人たちに悪影響を及ぼしていると説明できる。温暖化問題の解決に向けてまず、対流圏の変化、変動の様態をたえず把握し、考究することが大切である。そして、対流圏における活動の正常と異常を識別し、認識することも大切なことである。加えて、最近では対流圏内での水（水蒸気）の動向が注目されるようになってきた。この水蒸気と集中豪雨との関わりが明らかになってきたからである。

・海洋本来の有り様と変化

海洋も陸地同様、地球の水や二酸化炭素の循環と深く関わっている。また、海洋は二酸化炭素の固定生物であるサンゴを始め、多様な生命体の繁殖と維持などとも深く関わっている。この海洋にも“海洋大循環流”と呼ぶ巨大な海水の流れが存在している。そして、これの末端で繋がっている海洋表層の流れも存在している。なお、表層での流れの代表は暖流である黒潮やメキシコ湾流などや、寒流である親潮、ラブラドル海流などである。これらの流れは、上記した大気の大循環とも深く関わりあっている。すなわち、これら全ては気象変化と深く関わりあってもいる。

“深層大循環”、“熱塩（ねつえん）循環”などとも呼ぶ海洋大循環流は、地球の海洋全域で海水の循環や攪拌の主役である。海洋大循環流は海水の密度差が流動の駆動力であるとされている。すなわち、海洋大循環流は大西洋の表層部分を北上する間に暖められる。そして、暖められた海洋大循環流の海水塊は北大西洋北方のグリーンランド沖に至って最もよく冷やされる。ここでは海水さえも結氷する極寒の地であるので、海水中の水が徐々に凍ってしまい、濃くなった塩分のために、海洋大循環流は重くなり、海深く沈み込んでゆくのである。

北大西洋北方で沈み込んだ海洋大循環流の海水塊は、大西洋の北米大陸側よりの深層部を南下してゆく。そして、この海洋大循環流は南極大陸近くに至って三つの流れに分かれる。三分岐した海洋大循環流それぞれは各大洋の深層部を北上し始める。

第一の海洋大循環流はインド洋の北端近くに至って表層（海面）に浮き出てくる。これはアフリカ大陸に沿ってさらに南下した後、大西洋に曲がり込んでグリーンランド沖を目指して北上する。

第二の海洋大循環流は深層を東進して太平洋に入り込む。そして、アリューシャン列島をめざして北上する。アリューシャン列島南方で、海面に浮き上がる。その後、この流れは太平洋を南下後、インド洋南方を横切って大西洋に回り込む。そしてグリーンランド沖へ向かって北上する。

第三の流れは南極大陸寄りを東進し、南米を回り込んで大西洋に入りこんでグリーンランドをめざす。これらの流れは非常にゆっくりしたものであるとされている。最も長い流れでは一回りするのに1,000年以上の時間がかかるとされている。

地球温暖化によって高緯度域の気温が上がると、海洋大循環流も弱まるとの指摘がある。温暖化ではヨーロッパや北大西洋の気温を大きく上げる方向に働くとされているからである。この一方で、温暖化による気温上昇を少しやわらげる程度であり、海洋大循環流は大きな影響を及ぼさないとの、相反する指摘もある。加えて、海洋大循環流は海洋の生態系、二酸化炭素の吸収、酸素濃度などに大きな関わりがあるとの指摘もある。いずれにしても、現状は知見不足である。

何はともあれ、海洋表層部を流れている黒潮、湾流などの海流の変調、変動こそが地球の気候に大きな影響を及ぼすことは間違いありません。温暖化を考える時、海流の消長、海流流路の方き、海水の温度などに注目して観察、考究し続けてゆく必要がある。地道に測定を重ねながら、海水の流れの変化、変調の方向性を見極めることも温暖化問題解消のためには必要なことである。

・陸地本来の有り様と変化

陸地は大気圏や海洋以上に変化に富んでいるので、その変化、動態は極めて複雑である。当然のことであるが、陸地では温暖化の引き起こす問題も多岐に及び、しかも難解である。特に、陸地のいろいろな温暖化問題と密接に関わっているのが、先にも述べた水蒸気を含む大気の状態と、陸地を被覆している森林の様態と動態である。大気中の水が厳密に制御されていること、陸地が植物によって極力被覆されていることの二点こそは温暖化問題考究上、最も大切な要点である。二つの要点はごく最近まで大きく変わることなく、平穏に推移し、維持していた。

大気には雲を始め、水蒸気が入り込んでいる。これは普通のことである。大気中の水蒸気量は通常では約１％である。この量がこのところ、年と共に増えている。この量を調整しようとする地球の働きがスーパー台風、豪雨、大雪などである。これらの災害が気象災害の増加や巨大化と深く関わっていることが解ってきた。また、雲自身も温室効果ガスの一種であることが知られているので、大気中の水蒸気量の変化は、日々の降雨現象だけでなく、温室効果を考える上で注視しなくてはなりません。

陸上では、水は淡水、海水、氷など、様々な形で所定量ずつ存在することが常態である（人口の増加と水資源参照）。この常態が大きく変動するのは地球とその住人たちには望ましいことではありません。しかし、温暖化による気温上昇は安定的に保持されていた氷河や凍土を減少させ、海水面の上昇を招いているのは皆さんもよくご周知のことである。

水は植物とも深い関わりがある。水は森、林、畑、水田などで、植物の生育や維持と密接に関わりあっている。陸上における水環境の整備や改善は森林や畑などの持続的な維持管理のために必須事項である。したがって、治水事業は森林や畑などの維持上、大切な仕事である。

地球、森林、そして住人たちは今、温暖化だけでなく、森林破壊、さまざまな汚染など、自身が起こした諸問題と対峙させられている。太古の昔のことであるが、地球の陸上は 90%が緑で被覆されるという、大変穏やかな時期があったといわれている。しかし、今日では緑による被覆率が 25%近くにまで割り込み、非常に厳しい状況に直面しているのだ。

最後に特記しておきたいことがある。農場、水田、牧草地などの土地は熱帯の森林に比べると、生産性が極めて低く、二酸化炭素の吸収・固定の場としての貢献度は極めて細(ささ)やかなのである（人口の激増と水資源参照）。現在、誤った経済優先の考え方が闊歩していることに問題がある。ヒトは食糧確保のためと称し、ブラジルを始めとする、いたるところで大切な熱帯林を潰し続けている。毎年消失している面積が半端でないことに心ある地球人は気づいている。森林の増減動向にも、神経質なくらい注視しなくてはなりません。

【著者の寸評】　地球本来の有り様、地球の正常な常態をよく熟知していることが、地球温暖化にまつわる難問に対峙する第一歩である。人はまず、自然に対して優しくかつ謙虚であるべきである。30 年ほど前までは専門家の中にも、地球温暖化に疑義を唱える者が多数いた。彼らは地球の氷河期と温暖期に関する、当時の乏しい情報を拠り所にして、突然出てきた問題を論破しようとしていた。問題化されつつあった温暖化に関する数値は、地球本来の温暖期に関する数値と比べて大きくないなどと言い立てていたのだ。2020年代に入った今、温暖化を否定する専門家はさすがにいなくなったが、政治家や経済人の中にはまだ残っているのだ。温暖化を始めとする、人が生み出した悪行、心配事は待ったなしの状況にあることを皆がしっかりと認識することが温暖化克服の原点である。

【参考資料】・寺門和夫（2008）、『図解雑学　地球温暖化のしくみ』、11－216頁、ナツメ社。

○　生物の学名いろいろ

・二名法とその意義

学生さんの名前は最近ますます読みにくくなっている。老齢の教師は特に、学期始めに一汗かかなくてはならないので、大変である。俗に言う、きらきらネームの学生が増えているためであり、教育現場では学期始めの日常茶飯のことになっている。人の名前は正確に記し、正確に読んであげなくてはならないので、老爺にとっても新学期は一大事でありました。

生物の呼称も人名同様に大切である。特に、植物を国際間で利活用する場合には、植物もろもろの性状を間違えることなく理解した上で、事を進めるのは当然のことである。例えば、裸子植物のヒノキであるが、世界の人々に間違いなく認識してもらうためには最低でも、*Chamaecyparis obtusa*、Hinoki（Japanese cypress）のように書いて提示しなくてはなりません。植物名を斜字体で二つの単語を連ね、しかも、ローマ字の立字体で和名を添え書きするようになったのはそんなに古いことでなく、約250年前に始まったことにすぎません。

ある生物を世界中の人々が共に認識できるように貢献したのが、スウェーデンの植物学者、カール・フォン・リンネ（1707～1779）である。彼はその著書「植物の種」において植物を属名と種名（種小名とも言う）で命名する方法、二名法を考究し、提案した。二名法は彼と同国出身の後輩植物学者、ウイルデノーが応援してくれたお陰もあって世界中に普及していった。リンネは今日、この功績によって「生物分類学の父」などと敬われている。なお、二名法はリンネの提唱後、国際的に改めて検討し直された。「国際命名規約」として精密に整備されて今がある。二名法はまた、動物や微生物の呼称としても採用された。

二名法の定着、普及によって、世界中の誰もが一つの生き物を的確に想起できるようになった。これはすばらしいことである。なお、二名法が順調に定着していった背景には、ウイルデノーの尽力を始め、生物を姿や形で識別する生物形態分類法がこの頃にほぼ確立していたことも幸いしたことを指摘しておかなくてはなりません。二名法の登場を時代が求めていたと言えよう。

・学名による命名

二名法について今少し補足しておこう。リンネは植物の学名命名では、植物の特徴をラテン語やギリシア語で表記するように推奨した。しかし、リンネの約束事に準じていない場合も散見されるようになった。例えば、シモバシラと呼ぶシソ科植物の場合である。本稿ではすでに命名法の約束に従って植物名を記しているが、専門的に記す時には、標準和名を片仮名でシモバシラと記す、あるいはローマ字の立字体で shimobashira と記する。これに二名法による属名と種小名をローマ字の斜字体で *Keisukea japonica* と記すのが基本的な有り様である。

また、全世界に通用する記載では上記のように、ローマ字の斜字体で *Keisukea japonica* と記し、これにローマ字の立字体で Shimobashira と書き添えねばならない。また、属名の書き出しは大文字にするのもリンネが提案した約束事である。さらに、種小名も人や土地に由来する名前を使う場合には書き出しを大文字で記すこともあるが、小文字で記すのが普通である。なお、上記植物の属名の命名は日本の代表的な本草学者、伊藤圭介にちなんでいる。

シモバシラの学名記述では *Keisukea japonica* と言葉尻をそれらしく変化させてはいるが、二つの用語はともに日本語である。これではこの生物が日本のものらしいことは推測できるが、形態的なことなどは何も解りません。当然、植物であることも解りません。こうした命名事例は動物の学名でより多くみかけるが、植物では珍しい。例えば、鳥の朱鷺、トキの *Nipponica nippon* や、日本の国蝶、オオムラサキの *Sasakia charonda* などである。なお、オオムラサキの種小名はギリシアの法律家の名前に由来しているという。

・学名の記載法

江戸時代の日本はすでに世界的な園芸先進国の一つとなっており、品種改良した植物が数多く存在していた。例えば、アジサイである。このアジサイが本邦来訪者の目に留まり、長崎からヨーロッパに渡った。そして、アジサイはさらに改良されて日本に戻ってきた、里帰り植物の一つでもある。

アジサイは当初、シーボルトとツッカリニによって *Hydrangea macrophylla* var. *otakusa* と命名された。なお、ここで末尾に立体字で var. と記しているのはラテン語の varientus の省略表記であり、日本では“変種”と訳している。また、*otakusa* も日本語である。シーボルトが帰国後、日本滞在時の妻、楠本滝(たき)を想って命名したのである。なお、アジサイは以下で改めて述べるが、変種植物の一つなのである。

アジサイの学名を約束に従って最も丁寧に記すと、*Hydrangea macrophylla* Seringe var. *otakusa* Makino となる。まずは、立字体で記している Seringe と Makino であるが、これらはアジサイの学名確立に最終的に関わった研究者の名前である。アジサイの学名は当初、シーボルトらによって命名されたが、その後、Seringe らによって訂正されたのだ。

なお、学名の記載では命名者名を省く記載法もあるが、ていねいな記載法では命名者名も記して敬意を払っている。少し丁寧な表記ではリンネや牧野富太郎のような世界的植物学者の場合はL.やM.などと、彼らの氏名の筆頭文字一文字を大文字で記し、以下を省略することが行われている。また、シーボルトやツッカリニなど、上記大家らに次ぐクラスの植物学者の場合はSieb.やZecc.と部分的に略記して附記されている。

Hydrangea macrophylla var. *otakusa*とのアジサイの記載から、この学名をつけた時に、元となった植物が存在したことが分かるのである。元となった植物はこの場合、ガクアジサイである。その学名は*Hydrangea macrophylla*であった。なお、アジサイの学名を命名する際、基準となったガクアジサイのような種を"基準標本"、"タイプ標本"などと呼んでいる。

続いて、ヒメアジサイ（*Hydrangea macrophylla* subsp. *serrata* var. *amoena*）を例にして説明を続ける。この学名表記では立字体でsubsp.と表記しているが、これはラテン語のsubspeciesの省略表記である。日本語では"亜種"と訳している。これは種をさらに小分けしたものを意味している。以上から、ヒメアジサイはガクアジサイの亜種であることが了解できる。ついでに、日本には他にも、亜種のヤマアジサイ、*Hydrangea macrophylla* subsp. *serrata* var. *acuminata*なども存在する。

植物の種には亜種と同じ水準の分類区分であると了解されている"品種"も存在する。この場合、種小名の後にf. xxxまたはform, xxxなどと略記する。ここでのf.やform,はラテン語のformaの省略表記ある。例えば、下記したアジサイはコガクアジサイ（*Hydrangea macrophylla* f. *normalis*）のことである。

さらには、植物の種には栽培種（園芸品種）や雑種と区分されるものもある。この場合の表記法についても説明しておこう。フイリガクアジサイは、*Hydrangea macrophylla* cv. Maculataまたは（*Hydrangea macrophylla* "Maculata"）と記す。ここでのcv.はラテン語のcultivatusの省略形であり、日本語では"栽培種"との訳語をあてている。参考までに、日本の春を彩る桜、ソメイヨシノは *Prunus yedoensis* と記すこともあるが、エドヒガンとオオシマザクラの雑種であることを意識した表記では *prunus* x *yedoensis* と記すこともある。この場合、x は雑種を示す符号として使っている。

【著者の寸評】　植物を頼りにして事を始める場合には、植物をよく学び、よく知っていることがまず大切である。このためには、事に係わる各人が植物を的確に認識する必要がある。本来の植物、改良した植物、創作した植物などを世界中の誰もが二名法による命名法の定着によって、間違いなく認識できるようになった。このことは植物の研究、ビジネスなどでも都合の良いことである。命名法を知っていることは植物を理解し、利活用する原点である。

【参考資料】・平嶋義宏（1994）、『生物学名命名法辞典』、288 頁、平凡社。

○　感染症と COVID 19 パンデミック

・感染症のあれこれ

機械文明の進歩、発達につれて、人や物資が頻繁に世界中を行き交うようになった。世界がボーダーレスの時代に突入したのである。情報も同様であり、瞬く間に世界の隅々に届いてしまう。地球の裏側で起きた出来事も瞬時に世界中に知れわたる。世の中は大層便利になったのである。微生物などが介在する伝染病の拡散もまた然りであるのだ。

人は誕生以来絶えず、伝染病、感染症と闘い続けてきた。例えば、ウイルスによる狂犬病である。この感染症は紀元前 2300 年頃にはすでに、犬から感染する病気であることが知られていたという。狂犬病と人とのつき合いは随分長いのである。感染症は一般に、感染源である動物たちの間で感染するだけでなく、彼らを介して人にも感染するものも多いので、厄介な存在である。ちなみに、動物から人に感染する感染症は 300 を越えるとされる。

まず、感染症について概略をまとめてみる。感染症にはそれぞれ固有の病原体が存在する。病原体の種類を整理すると、大きなものから順に、寄生虫、原虫、真菌、細菌、リケチア・クラミジア、ウイルス、異常プリオンとなる。

次いで、病原体の感染源となる動物についてである。主なものを列記すると、ペストのノミ、日本脳炎のカ、A型インフルエンザウイルスや鳥インフルエンザのカモ、狂犬病のイヌ、トキソプラズマ症のネコ、ニパウイルス症のコウモリ等、多彩である。他にも、牛海綿状脳症（BSE）由来の牛肉食品、病原体で汚染された水や土壌などが引き起こすサルモネラ症、トキソプラズマ症、エキノコックス症なども挙げなくてはなるまい。

・高まる感染症のリスク

人は度々感染症の洗礼をうけた。例えば、14 世紀のペスト、100 年前のスペイン風邪、最近では中東呼吸器症候群（MERS）、重症急性呼吸器症候群（SARS）、鳥インフルエンザなどである。その都度、人々は感染症の恐さを思い知らされた。なお、大騒ぎされなかったが、日本ではかって、インフルエンザで 1 万人余の死者が出たことが何度もある。インフルエンザも感染症の一つであり、その被害の程度は尋常なことではありません。

温暖化や森林破壊などによる地球環境の著しい悪化もあり、森の奥深くで暮らしていた小動物、そしてそれらに寄生するウイルスが人の生活圏近くに移動してきているのだ。この結果、家畜や人への新たな感染が起こり、この感染が一気に拡散するというケースが一層増えると予想されている。このように、感染症は地球環境の悪化と密接に関係している。新たな感染症の発生リスクがより一段と高まっているのだ。

加えて、冒頭でも述べたが、世界中で人、物、情報などの往来が年毎に増えている。例えば、2019 年には 3,000 万人を越える来訪者が日本を訪れた。これは日本だけのことでなく、世界的なことであり、各国間で人や物の往来が増え続けている。この流れは最早、誰も止められません。当然のこと、感染症も世界の何処かで新しい感染症が発生すれば、移動する人や物とともに瞬く間に世界中に伝播して被害が拡大する。これも避けられません。

未知の感染症が流行ると、まっ先に医療機関にしわ寄せがゆくのは常のことである。すなわち、患者が大挙して医療機関に押しかけて診断・治療を求めるからである。当然、どの医療機関も通常の患者の診察や治療も行わなくてはならないから、混乱してしまい、大変なことになる。また、医療機関の規模や充実度がいろいろな要因があって違っていることも、この問題をより複雑なものにする。これらのことがあって医療の現場が急速に困窮し、破綻してゆく。

まずは、医師を始めとする医療関係者に無理を強いるので、彼らは疲労困憊してしまう。同時に、隔離病室、治療室などの施設や、ベッド、医療機器、医療道具など備品類の確保も問題となる。事実、こうした施設、備品、そして医療スタッフに余裕をもって対処できる医療は、先進国といえども、滅多にありません。医療崩壊はこうして発生する。医療機関が普段から対策を講じていたとしても、それには限りがあるので、医療崩壊は避けられないのである。

・新型コロナウイルス

最初の発生時期や場所はよく解っていないようであるが、2019 年の晩秋、中国、湖北省武漢市で新たなウイルス感染症が産声を上げた。年が明けて１月になると、新型コロナウイルスと呼ぶようになった新感染症は情報不足のままに暴走し始めた。中国や WHO の不手際もあって、情報が随時、そして正確に発信されなかったことも、人々を不安におとしいれた。

新型コロナウイルスは中国だけでなく、周辺諸国、そして世界へと瞬く間に拡散し、災禍が広大していった。この中には経済発展著しい中国人がビジネスや観光目的で世界中に出かけ、忘れ物、すなわち、新型コロナウイルスを残してきたことも、感染、拡大を急速に大きくしたようである。ちなみに、新型コロナウイルス感染症の感染では感染源動物として現在、コウモリ、あるいはセンザンコウが関わっているとされている。

加えて、新型コロナウイルスによる感染症は周辺諸国だけでなく、最近、中国との経済的結びつきの深いイタリアで、次いでは、その周辺の国々で猛威をふるい始めた。その後、瞬く間にヨーロッパ全域や中近東の国々に広がった。もはや、この状況は新型コロナウイルス感染症（WHOが直後にCOVID 19と命名）のパンデミック（世界的大流行）と呼んでも間違いありません。そして、WHOもこの見解を追認せざるをえなかった。

COVID 19は少し間をおいた３月初めには米国、ロシア、中南米諸国にも拡散し、ヨーロッパ以上に猛威をふるっている。特に、アメリカでの感染者数と死者数の多さには驚かされてしまう。この国のトップ、トランプ大統領の認識の甘さと判断の遅れが致命的な結果を招いたようである。なお、COVID 19ウイルスは早くも、イギリスで最初の変異をとげたようであって、威力もパワーアップして致死率が上がったと言われ、心配なことである。

・新型コロナウイルスとの戦い

ここに興味深い資料がある。2020年３月１日の中日新聞にはCOVID 19の国別感染者数が定期的に掲載されている。これを披露しておく。中国が79,251名（死者数2,835名）、韓国が3,150名（17名）、日本では1,652名（11名）、イタリアが888名（21名）、イランが593名（43名）、シンガポールが102名（０名）、フランスが73名（２名）、米国が64名（０名）、ドイツが66名（０名）、スペインが48名（０名）、クウェートが45名（０名）などであった。しかしながら、この時点では中国とその周辺諸国だけが大騒ぎしている感じが強く、死者も正確な数値がよく解らない状況であった。

続いて、上記から３ケ月後の６月１日の同じ新聞の記事によると、状況は一転し、大変な事態に陥っていた。上記同様に、米国は1,770,165名（死者数103,776名）、ブラジルは498,440名（28,834名）、ロシアは405,843名（4,693名）、英国は272,826名（38,376名）、スペインは239,228名（27,125名）、イタリアは232,664名（33,340名）、インドは182,143名（5,164名）、ドイツは181,484名（8,525名）、トルコは163,103名（4,515名）、フランスは151,496

名（28,771 名）、そして日本は 17,579 名（911 名）であった。

世界全体では感染者数は 6,079,614 名（死者数 369,529 名）に達した。COVID 19 パンデミックはまだ終息しておらず、その渦中にある。今後も、第二波、第三波などと COVID 19 の繰り返しの襲来も予想されており、世界中が不安で満ち溢れている。

COVID 19 パンデミックなどの非常事態では国の指導者の資質、感覚、技量などが特に問われることになる。しかし、不幸なことに、世界では昨今、能力にあふれた優秀な人材が政治に関心を示さなくなり、政界に進出しなくなった。この結果、当然の成り行きであるか、世界には今、政治家本来の資質に欠けた場違いの首長や議員で満ち溢れている。

以上のようなこともあって、COVID 19 との戦いでは、多くの国民の命が無駄に失われている。上記した 6 月の結果をみれば、指導者に何かと問題のある国々が上位を占めているのだ。これは偶然のことではあるまい。

この責任の元は各国の選挙民にあると著者は思うのであるが、現実は長きにわたって悲しく、不幸な状況のままである。選挙民の意識改革も一朝一夕には進まないと思われる。今回のパンデミックでいろいろなことが変わってしまうと言われているので、選挙民の意識改革にも期待したいものである。COVID 19 パンデミック後の世界の建て直しと、温暖化に伴う諸問題の改善には優秀で、信念と熱意のある政治家が多数必要になるのだ。出でよ！　賢人たちよ。今、世界はあなた方の政界への参入を渇望している。

COVID 19 パンデミックについては現況を述べたが、効果的なワクチンや治療薬が開発され、広く流布するまでの間、感染の波は繰り返えし人々に襲いかかることであろう。そして、その都度、甚大な人的被害をもたらすことであろう。COVID 19 がインフルエンザなみに克服され、人が自在に操れるまでには、まだ時間が必要なようである。

【著者の寸評】　日本は先の NERS や SARS による騒動では無風状態に近かった。しかし、今回の COVID 19 パンデミックは日本においても未曾有の出来事となった。世界中の人々が右往左往させられているが、いずれ、人はこの難局を乗り越えてしまうことであろう。ただ、この感染症は人の生活様式、社会制度、経済制度など、あらゆる物事を変えてしまうとささやかれだした。人、特にその心が後ろ向きになることが最も心配である。いずれにしても、いろいろな事柄それぞれに新しい指針や基準が必要となるであろう。

新型コロナウイルス禍克服後、待ったなしの状況にある地球環境の修復事業を世界の国々と人々は如何に向き合うのかが大変気になるところである。言うまでもないが、この事業は地球とその住人たちの明日のためには待ったなしである。人々はこの事業に参集しなくてはなりません。人々は叡智を傾注しなくてはなりません。そして、人々は全力を傾注しなくてはなりません。しかし、今は COVID 19 パンデミックの克服がより急務である。

【参考資料】・６月１日朝刊（2020）、『新型コロナウイルス感染者が多い国・地域』、中日新聞社（名古屋）。

○　人は愚かなのか？　賢いのか？

・国連憲章の前文、並びに国連憲章の目的と原則

普通に考えると、既存の世界的な組織でもって地球温暖化や各種廃棄物のもたらす問題の修復、解消などに立ち向かうのが当然であり、必須のことである。そこで、何かにつけて足並みの揃わない組織ではあるが、修復、解消活動の実行母体として国際連合（国連）を著者は想定し、その実情を調べてみた。始めに、国連憲章の前文と国連の目的と原則とを改めて読みなおした。

［**国際連合憲章前文**］

国連憲章の前文では、国連の創設に参加した国々とすべての人民が持つ理想と共通の目的を次のように表明している。

「われわれ連合国の人民は、われらの一生のうちの二度まで言語に絶する悲哀を人類に与えた戦争の惨害から将来の世代を救い、基本的人権と人間の尊厳及び価値と男女及び大小各国の同権とに関する信念を改めて確認し、一層大きな自由の中で社会的進歩と生活水準の向上とを促進する。

並びに、このためには寛容を実行し、且つ、善良な隣人として互いに平和に生活し、国際の平和および安全を維持するためにわれらは、力を合わせ、共同の利益の場合を除く外は力を用いないことを原則の受諾と方法の設定によって確保し、すべての人民の経済的及び社会的発達を促進するために国際機構を用いることを決意して、これらの目的を達成するために、われらの努力を結集することにした。

よって、われら各自の政府は、サンフランシスコ市に会合し、全権委任状を示してそれが良好、妥当であると認められた代表者を通じて、この国際連合憲章に同意したので、ここに国際連合という国

際機構を設ける。」

［**国際連合憲章の目的と原則**］

国連憲章が定める国連の目的は、次の通りである。

○国際の平和と安全を維持すること。

○人民の同権及び自決の原則の尊重に基礎をおいて諸国間の有効な関係を発展させること。

○経済的、社会的、文化的または人道的性質を有する国際問題を解決し、かつ人権及び基本的自由の尊重を促進することについて協力すること。

○これら共通の目的を達成するにあたって諸国の行動を調和するための中心となること。

・国際連合は次の原則に従って行動する。

○国連は、すべての加盟国の主権平等の原則に基礎をおいている。

○すべての加盟国は、憲章に従って負っている義務を誠実に履行しなければならない。

○加盟国は、国際紛争を平和的手段によって国際の平和及び安全並びに正義を危うくしないよう解決しなければならない。

○加盟国は、いかなる国に対しても武力による威嚇もしくは武力行使を慎まなければならない。

○加盟国は、国連がこの憲章に従ってとる、いかなる行動についてもあらゆる援助を与え、かつ国連の防止行動または強制行動の対象となっている国に対しては援助を慎まなくてはならない。

○憲章のいかなる規定も本質的に国の国内管理権内にある事項に干渉する権限を国連に与えるものではない。

一読した限りでは、この前文は真っ当な内容の文章であり、目的と原則を具体的に表記している。しかし、これは75年前にまとめられたものである。しかも、わずかな戦勝国だけで、75年前の古い感覚でもってつくられた組織、国際連合（国連）のための前文であることには間違いありません。そして、その組織も革新的な改正、改革をしないままに今を迎えていることにも相違はありません。

国連創設後、75年という長い間に世界ではさまざまな分野で大きな変化、変革があったが、こうしたことに対応する改革、改正ができなかった組織こそが国連なのである。例えば、いまだに、国連は戦勝国であった五常任理事国だけの拒否権の無制限行使の容認のままである。また、この組織は保有数無制限の核兵器保有などを容認し続けてきた。今日にあっては、この二点こそは国連の恥であり、弱点であると言ってもよい。常任理事国はさまざまなことにおいて国連の活動の足を引っ張っている。

国連はとりあえず、常任理事国の拒否権の行使は、一国当たり年間3回までに限るなどと改正した組織であってほしいと、老骨は常々思っている。一部の国によって、事々に拒否権を発動されていては成せることも成せないからである。

したがって、国連の旧態依然たる姿は今の世界の実情に対応しておらず、大事を成し遂げるには難しい組織であると判断せざるをえません。年とともにその存在感が小さくなっていると著者は感じている。また最近では、国連を背負う事務総長の影もうすいものになっており、その名前さえもすぐでてこない有り様である。

新型コロナウイルス感染症のパンデミックという大問題もWHOに任せてしまっている。この件よりも複雑な地球環境の修復事業、いろいろな廃棄物の撤去、解消などを国連に任せる場合には、上記した恥、汚点をまず改め、加盟国が真に対等であることを確認、認識しない限り、事業の遂行母体としては不適格だと判定せざるをえません。著者が思うに、現在の国連は応援団の一つとして考えられる組織でしかありません。しかしながら、目前にある諸問題は国連の改組、改革を待ってはおられません。温暖化や廃棄物などの問題は一刻も容赦してくれない事態に至ってしまっている。

・政治や経済の停滞

続いて、政界や経済界に目を向けてみた。世界は今、いたるところで二極化、多極化が進み、さまざまな問題を抱え、苦悩している。例えば、民主主義や自由主義を標榜する国々の政治と経済も、社会主義や、共産主義の流れを継ぐ一党独裁の専政主義を標榜する国々に対して、圧倒的な上位に立てないままに苦悩し続けている。

民主主義や自由主義を採用している国々は富める者と貧する者とが年とともに際だち、二極化の進行が顕著であるのだ。世界は間違いなく、行き詰まっており、希望に満ちた明日への道筋を示せなくなって随分久しいものがある。

民主主義や自由主義を標榜している国々の体たらくぶりを具体的に二、三示してみたい。有力国の政治家の皆さんは昨今、サミットＧ７、G20 などの集まりを各国持ち回りで、定期的に開催している。しかし、顔合わせするだけの場でお茶を濁していると言ってよいのが、昨今の政治の世界の有り様である。事実、政治家たちこそは世界の人々の間に二極化を生みだしている元凶であると言って間違いではありません。また、彼らはブラックマネー問題や富の局在問題などに何ら手をつけられないままでいる。

政治家の集まりは例えるならば、プロ野球のオールスターゲームである。このゲームは一見豪華な催しに見えるが、所詮はお祭りである。端的に言えば、人気のある選手中心の顔見せの場でしかないのである。すばらしい試合を期待すること自体が無理、無駄なのである。政治家が野球アスリートの真似をするのはどんなものであろうか。

よくよく考えてほしいものである。

続いては、世界の経済人、財界人である。彼らもまた、毎年1月、スイスのダボスで恒例の会議を開催している。この会議は元々、50年の実績をもっている会議であって、世界の経済人が一同に会して資本主義、自由主義の明日の道筋を模索、考究する場であったはずである。しかしながら、ここも今や、顔見せの場、年賀の会と化してしまっている。言い放しの講演が山積み状態である。当然のこと、地に足をつけた、真摯な討議、討論は行われませんし、資本主義の危機に対する具体的な方向性が披露されたり、発信されることもありません。時代の要求に対応ができないままに無駄な時間を潰しているとしか言いようがありません。

政、財界のこうした現状に加え、今回のCOVID 19パンデミック騒動である。この緊急事態に対し、世界各国は門戸を閉ざし、ひたすら自国第一主義とかを声高に叫び、病気退散に狂奔している。ここでも、2020年の夏現在での話であるが、各国の政府、政治家、経済人たちが緊密に連絡を取り合って新感染症に対処している、成果をあげたなどは何処からも聞こえてまいりません。愚かな自国第一主義が我が世の春を謳歌している。実に悲しい昨今である。

昨今、人は「賢いのか」、「愚かなのか」がよく分からない事々が次々と起きている。例えば、世界最大の国際機関、国連である。この組織がCOVID 19パンデミック騒動解消に向けて乗り出したという話も聞こえてきません。国連はより不完全で非力な組織である、WHOにまかせたままである。COVID 19パンデミックはまだ終わってはおらず、今まさにその渦中にあって、正念場におかれているにもかかわらず、国連はこの有り様である。

新感染症の克服、終息までにはまだ何年もかかることであろう。しかし、人類の叡智によって、ワクチンが開発され、世界中に広く普及するなどがあって、コロナ禍は必ず終息することは間違いないであろう。ただ、コロナが終息した時、人々の世界観、人生観がどのように変わっているのだろうか。大きく変わってしまっている予感がしてなりません。これも心配なことである。

・COVID 19 パンデミックとパンデミック後

2019 年末、中国で始まった COVID 19 パンデミック、新型コロナ渦のために、世界は温暖化の改善・解消、いろいろな廃棄物の撤去・浄化などどころではなくなってしまった。この騒動のために世界はこのところ、人の移動の激減、物資の移動の減少などがみられる。温暖化や廃棄物類増加などの問題も、中休みと言った感がある。

COVID 19 パンデミックの禍中に行われた米国の大統領選挙では、同国国民はあきれた醜態を見せつけてくれた。自由主義世界におけるリーダー国の国民の未熟で、おろかな二極化は、世界の人々が人類の明日に関して、この国にかけていた期待を完全に失わせてしまった。悲しく衝撃的な結果でありました。この国の国民が常軌に立ち戻るには、かなりの時が必要なようである。

新型コロナウイルスの克服、沈静化には数年かかると思われるが、これが一段落したら、次こそは温暖化を始めとする地球環境改善問題解決などに向かって直進しなくてはなりません。アメリカ国国民の真の復活、蘇生を待っている訳にはゆきません。COVID 19 パンデミックの克服でみせるであろう人類の叡智発現を温暖化問題やさまざまな廃棄物問題などの解決に振り向けなくてはなりません。特に、温暖化問題の改善は今が最後の機会であり、もう絶対に先送りはできない状況にあるのだ。

地球環境修復事業は温暖化問題の改善・回復が主体になると考えられるが、世界的な組織、機関は 80 億近い人の事を考えてゆかねばならないので、どれも現在、手一杯のようである。また、地球環境の改善事業を引っ張ってくれるに相応しい人、リーダーも具体的には思い浮かびません。加えて、目的遂行に向けての体制も整っていません。大事業の実働機関とそれを主に動かす人たちを想起するのは難しいと言わざるをえません。悲しいことである。

【著者の寸評】　温暖化を始め、森林破壊、様々な廃棄物などによって病んでいる地球環境の修復事業は最重要事項であり、急務である。こうした難問解消のためにはよく考え、中心となって働く人や組織が必要である。しかし、本稿において述べたように、具体的な人や組織が思い浮かばないというのが、著者の見立てである。ただ、事業の統括者や担当者を考えている中、この事業が如何に大切であり、急務であるかを著者は改めて痛感させられた。以下で、このような事業を遂行するのにふさわしい関係者として著者が仮想する人々の像を披露してみたい。

【参考資料】・鈴木主税訳、(1996)、サミュエル・ハンチントン『文明の衝突』、１頁、集英社。

○ 理想的なリーダー
（1）渋沢栄一

・若き栄一の漢籍読みから剣術修行まで

動乱の幕末から雲行きが怪しくなり始めた昭和の初めまで、算盤と論語を両立させながら、人生という激流を見事に泳ぎ切った男がいる。その名を渋沢栄一という。彼は天保 11（1840）年、武蔵の国、血洗島村（現在の深谷市血洗島）の豪農、渋沢市郎右衛門・栄（えい）夫婦のもとに生まれた。彼の人生の歩みに添って話を進めてゆく。

栄一は6才から従兄、尾高新五郎の下、論語を始めとする和漢籍を教科書として本格的な勉学に勤（いそし）んだ。また、12 才から従兄、渋沢新三郎の下で神道無念流の剣術も学び、文武両道をめざした。彼は 14、15 才の頃から家業の手伝いにも精を出した。

栄一が心身の鍛錬に勤しんでいた頃、尊皇攘夷論の勃興、米国ペリー艦隊の来航、日米和親条約の締結、安政の大獄、桜田門外の変等々、日本は激動の真（ま）っ直中（ただなか）におかれていた。彼の周辺でも、若者たちが集まって政治情勢などについて口角泡を飛ばすと言ったことが増えていた。武蔵の国という土地柄もあって、若者たちは水戸藩の水戸学の影響を強く受けていった。

栄一たちも尊皇攘夷を唱えるだけでなく、高崎城乗っ取りや横浜焼き討ちという暴挙を企てるまでに至った。そして、武器を準備した段階まで事は進んでいたが、直前になって決行を思いとどまった。しかし、首謀者の一人であった彼にはこの事件以降、幕府の目を気にせざるをえない日々が始まった。そこで、彼は従兄の喜作とともに、かねてから面識のあった一橋家の用人、平岡円四郎（えんしろう）をたよって京都へ逃れた。

栄一は平岡の勧めもあって、一橋家の家臣となって身の安全を計った。情報を客観かつ冷静に吟味・評価して武士になったのだ。なお、平岡は当時の一橋家を一手に背負い込み、取り仕切っていた実力者であったので、事は彼、栄一の思惑通りに進んだのである。

・フランスで研き、変身した栄一

一橋家の家臣となって奉公していた栄一に思いがけない幸運が舞い込んできた。慶喜の弟、昭武(あきたけ)がフランス、パリで開催される万国博覧会にナポレオン３世から招待されたのである。彼は訪問団の随員の一人としてヨーロッパに向かった。そして、フランスを始め、その周辺国を見聞する機会に恵まれた。彼のヨーロッパ滞在はわずか一年ほどであったが、この地での見聞と経験は栄一を大きく変えた。そして、彼のその後の人生にプラスとなって働いた。

栄一は訪欧中、多くのことを学んだ。特に、ヨーロッパの国々に繁栄をもたらしていたのは資本主義という制度であり、この制度下での経済運営が国を富ませ、元気にしていると洞察した。そこで、彼は経済の仕組み、それを管理している役所の仕組み、仕事ぶりなどを中心に見聞し、知識を蓄えていった。また、この時点のヨーロッパでは、身分制度はすでになくなっていた。人々が対等に接し、話しているのがとても新鮮であったと後年、述懐している。彼は見聞と学びに精勤していたが、慶喜の大政奉還があって帰国することになった。以後、彼はいくつかの節目を迎えるが、その都度、一回りずつ大きな人間になって行った。

・実業界での栄一

帰国した栄一を待っていたのは明治新政府でした。彼は大隈重信の誘いを受けて大蔵省に入省した。そして、省の機構改革、全国の測量、度量衡の改正、税制の改正、藩札の始末、貨幣制度の改革、立会略則（会社起業規則）の制定などに関わり、新政府のために大きく寄与貢献した。ヨーロッパでの見聞の成果を遺憾なく発揮したのである。彼には良き理解者、井上馨がいたが、対立者、大久保利通もいた。栄一は農民の出であり、身分制度の不合理さを身を以て知っていた。生粋の武士であった利通とはそりが合わなかった。彼は下野し、実業界に転身することにした。

栄一は 1875 年、自分が設立した第一国立銀行の頭取に納まった。以降、ここを活躍の拠点としてゆくことになる。国立第一銀行の理念は、彼の生涯の有り様とよく重なるので、披露しておく。

“銀行は大河のようなものである。役に立つこと限りがない。しかし、まだ銀行に集まっていない金は溝に溜まっている水や、ぼたぼた垂れている雫(しずく)と何の変わりない。時には、豪商や豪農の倉に隠れていたり、日雇い人夫の懐に潜んでいたりもする。それでは人の役に立ち、国を富ませることはできない。水に流れる力があっても、土手や丘に妨げられていては、少しも進めない。”である。

さらに、これには続きがある。“ところが、銀行を立てて上手にその流れ道を開いてやると、倉や懐にあった金も集まり、多額の資金となる。資金のお陰で貿易も繁盛する、産物も増える、工業も発達する、学問も進歩する、道路も改良される、国の全ての状態が生まれ変わったようになる。”が加わる。上記を要約すると、“銀行はあくまで、人々を幸せにし、国を富ませることが究極の目的であり、同時に事業育成もする組織である”となる。

栄一は国立第一銀行を足がかりに、日本の将来に必要だと考えられる企業を順次設立していった。代表的な企業をいくつか列挙しておく。抄紙会社（後の王子製紙)、東京海上保険会社（後の東京海上火災)、日本郵船会社、東京電灯会社（後の東京電力)、日本瓦斯会社（後の東京ガス)、帝国ホテル、札幌麦酒会社（後のサッポロビール)、日本鉄道会社（後のＪＲ）などである。最終的には 480 余社の多きに及んでいる。

さらに、栄一は東京商法会議所（後の日本商工会議所）、東京株式取引所（後の東京証券取引所）の設立においても中心的な役割を務めた。“日本資本主義の父”、“実業界の父”と呼ばれるにふさわしい彼の実業界での活躍ぶりであった。とにかく、渋沢栄一は健康に恵まれた人であり、健康こそが彼の偉大な業績達成の原点であった。

栄一には三菱財閥の創設者、岩崎弥太郎との間での有名なエピソードがある。簡潔に紹介しておく。1878 年のことだとされている。弥太郎が栄一に強者連合を持ちかけた。「二人だけで日本の国の富を独占しませんか」と誘ったのである。この誘いに対し、彼は言下に、「否」と応えたという。彼には自分のためだけに金儲けをする気がなかったのである。

改めて言うまでもないが、栄一の本分、信条は、“大勢の人と利益を分かち合い、かつ国全体をも富ませること”であったからである。知の人、栄一らしい、爽やかな対応でした。ここで、著者は彼の晩年の独白も書き添えておく。「私がもし、一身一家のためにだけ富を積もうと考えていたなら、三井や岩崎には負けはしなかったであろう。これは負け惜しみではない」とつぶやいたという。彼は正真正銘の有徳の人であり、実業界のきっての賢人であったのだ。

・栄一の私心なき活動

栄一は実業の世界だけでなく、公益事業においても大きな足跡を残している。1872 年、彼がまだ 32 才の時のことでした。困窮した人を救うための社会慈善団体、東京困窮院を設立した。しかも、彼は 1874 年から 92 才で亡くなるまでの 56 年間にわたり、この団体の院長に就いており、公益事業においても全力投球していたのである。彼はこの他にも、日本赤十字社、東京慈恵会、聖路加国際病院などの設立や運営に関わりをもった。さらには、商法講習所（後の一橋大学）、早稲田大学、日本女子大学、同志社大学、二松学舎大学などの創設にも関わっている。彼は偉大なる叡智、積善の人でもあった。

八面六臂の大活躍をしていた、タフマン栄一も、1904年、65才の時に大病を患った。この後、彼は関わる事業を大胆に減らした。思い切りの良さも“栄一の信条”であった。一方で、70才を過ぎてから国際親善に関心を持つようになった。彼は70才を過ぎてから、アメリカを4回訪問している。軋みかけた日米関係を鑑みての訪米であったのだ。いずれの訪米においても、時の米国大統領との会見を果たしており、訪米の目的を達成している。

他にも、栄一はパナマを訪問している。国際親善と社会事業に精励した彼は、1926年と1927年にノーベル平和賞の候補者になっている。彼の活動が広く世界に聞こえていた証である。年令に見合った活動を重ねた彼は、生涯を全うした、日本経済史上、稀有の巨人であった。経済の傑物、渋沢栄一は直腸ガンを患い、1931年11月に没している。享年は92才であった。

【著者の寸評】　渋沢栄一大人が今、存命であれば、地球とその住民たちの危機に対してリーダーとして、敢然と立ち上がってくれたことであろう。地球環境の修復、復元といった世界的大事業の遂行には彼のような人物が数名いれば、事は成し遂げられると著者は考えている。「出でよ。第二、第三の渋沢栄一！　探そう。第二、第三の渋沢栄一！」

【参考資料】・守屋淳訳（2020）、渋沢栄一『現代語訳　論語と算盤』、1－249頁、筑摩書房。

○　理想的なリーダー
（2）西岡常一

・古都の流れ

奈良には都が置かれていた時代から1200年余の時を重ねて今日にいたるまで、連綿と続く奈良の文化を支え、育んできた幾筋もの流れが現存している。こうした流れの一つに宮大工がある。宮大工たちは7世紀から8世紀始めにかけて法隆寺（別名を斑鳩寺（いかるがてら））を建立したが、程なく消失してしまう。そして、彼らは再建に尽力した。こうした匠たちの知恵、技、思いなどが今に伝承されているのである。また、この流れは今後も将来へと続いてゆくことだろう。ここでは奈良の宮大工、昭和の総棟梁、西岡常一（つねかず）の歩みや考えなどを紹介する。

・西岡常一の歩み

常一は1908（明治41）年、奈良、斑鳩の宮大工（奈良時代から続く）の家の楢光・つぎ夫婦の下に生まれた。なお、祖父常吉はその頃、法隆寺の現役の棟梁であった。常一は尋常小学校に入った頃から夏休みや冬休みには、仕事場で祖父から大工仕事の手ほどきを受けた。彼は1921年、生駒農学校へ進学した。ここで学んだ土壌、肥料、林業、畜産などの知識が大変役立ったと後年述懐している。彼は生駒農学校で貴重な学業体験をしたのである。

生駒農学校卒業後、16才の常一は祖父から本格的に特別指導を受け始めた。英才教育が始まったのだ。昼は現場で工具とその用法、研ぎ方、諸々の工人との人付き合い方などを教え込まれた。夜も、家で棟梁としての心得、口伝（くでん）、家訓などを伝授、教授された。なお、口伝は千年を越えた年月の間、幾代もの棟梁たちが宮大工仕事に精を出す中で気づき、究めた事柄を集めたものであり、宮大工には唯一無二の宝物であった。

研鑽、努力した結果、常一は20才の兵役入隊前にはすでに、寺社、仏閣などを造ったり、修繕できる営繕大工として認められるようになっていた。祖父の英才教育の甲斐もあって、若くして、一人前の宮大工として評価されていたのだ。

常一は復員後の22才で、橿原神宮、拝殿の新築工事における父の代理棟梁を務めている。新築工事の総支配人として役目を全うした。その後も、彼は着実に、大工としての力をつけていった。彼は27才でカズエを嫁に迎えている。そして、彼は28才の年には法隆寺の東院礼堂解体修理において正真正銘の棟梁の役を務め上げている。大仕事において、棟梁を務めるだけの力量を備えていることを周囲の人々にみせつけたのである。

常一は生涯、法隆寺と薬師寺を中心として精力的に活動した。30歳代には、法隆寺の西院大講堂解体修理、同東院の絵殿、舎利殿、伝法堂の解体修理、五重塔解体調査、金堂復元等々、一心に働いた。1949年、41才の時には結核を患い、仕事のペースダウンも経験している。病気克服後は法隆寺の東宝解体修理復元などとともに、奈良県以外での仕事、福山市の草戸明王院五重塔、本堂表門などの解体修理や、伯耆、大仙寺本尊厨子の修理などにも興味を示し、手堅い仕事ぶりをみせている。

常一は57才の時、1965年に小川三夫を弟子にしている。なお、三夫は後年、常一の実質的な後継者となってゆく。常一は同年、奈良、斑鳩の法輪寺の三重塔の再建工事に着手し、1968年には落成させている。1969年からは薬師寺の金堂、その他の再建などに関わっていく。1974年には金堂を完工させている。引き続いて、薬師寺の西塔の復元再建にも携わっている。

常一はその生涯において数々の褒賞や表彰を授かっている。彼の年表から主なものを抜き書きしてみると、奈良県文化賞、吉川英治文化賞、紫綬褒賞、時事文化賞、文化財保存技術保持者、現代の名工、勲四等瑞宝章受賞、日本建築学会賞、サンケイ児童出版文学賞、文化功労者、斑鳩町名誉町民等々である。以下でも繰り返すことになるが、これら栄誉の多くは彼の大工を始めとする多彩な活躍がもたらした賜物であった。

・西岡常一とは

西岡常一の年譜を追いかけていて、著者は興味深いことに気づいた。彼は大工や棟梁などとして寺社仏閣の再建、新築、修繕工事などに精進しただけでなく、積極的にいろいろな経験を積んで見識を深めていたのだ。すなわち、彼は学術模型や復元模型などの製作、設計、修理のための設計、実測、復元調査、解体部材の復元、重要部材や仏像の分散疎開、平城京などの発掘調査、タイワンヒノキの現地見学等々と、広汎に精励していたのである。

常一は本業周辺のさまざまなことに興味をもち、積極的に経験し、考究した。そして、これらの経験を本来の寺社の修繕や新築作業で活かし、万事手抜かりのないように務め上げた。彼は常日頃、広くかつ積極的に学び、努力していたのだ。彼のこうした精進こそは、高等教育を受けていない彼が宮大工の第一人者となれた秘密であると著者は推察している。

話を本流に戻すが、常一が若い折、祖父から毎夜聞かされた口伝や家訓について今一度考えてみたい。なお、口伝とは、歴代の棟梁たちが宮大工仕事に精を出す中で考え、会得した諸々のことが積み重ねられた口伝えのことである。武術における免許皆伝、奥義伝授と並べ比べられるかもしれません。また、奥義ともいえる口伝が代々残されてきたこと自体が実にすばらしいことだと高く評価しておきたい。

宮大工のような仕事は一般に、入門者自身が一から学んで身につけてゆく部分が多い。しかし、この過程で資質や能力の限界もあって脱落する者も多い。当然、万人がその道の奥義を究めることは難しい。一方、「おのれで学べ」、「盗め」などでは人材は育ちません。ところが、奈良の宮大工には膨大な知恵や経験を口伝や家訓によって身につける機会が準備されていた。高等教育を受けなかった者にとっても、口伝や家訓による教育こそは合理的で望ましい有り様である。こんな教育が千年以上も続いていたことに著者は驚嘆している。

宮大工の口伝に、「堂塔の木組みは寸法で組まずに、木のクセで組め」というのがあるという。この具体例は法隆寺における柱材の木づかいにおいて見ることができる。宮大工は奈良周辺で育ったヒノキを選んでいる、そして、この柱材は育っていた時の方角、東西南北を合致させて使っている。生前のヒノキの南側は最も日に曝されていた、北側は最も風雪に曝されていたので、この方向通りにヒノキ柱を設置して建立すれば、柱はより長持ちすることを知っていたのである。事実、法隆寺は独特の木づかいの効果もあって、千年を越える時に耐え、今も健在である。法隆寺の伽藍には昔の知識では証明できなかった飛鳥の匠の究極の知恵が多く潜んでいる。

常一はまた、「生きとし生けるものはすべて自然の分身である。木であろうが、草であろうが、皆自然の分身である。その自然は空気も水も太陽の光もあるが、土がなければ木は育たない。土を知らないと本当の大工にはなれない」と祖父から教えられたと述懐している。彼が土に関わる発掘調査や畑仕事に精を出していた理由がここにあったのである。

加えて、常一は「千年生の木を使えば、千年もたせなくてはならないというのは自然な考え方であり、千年たった時に千年生の木が育っていなくてはいけない」との考えの下で仕事をしてきたとも述懐している。また、「法隆寺はこの先、二、三百年は解体修理の必要はない」とも述べている。自信と誇りをもって仕事をしてきた彼ならではの至言である。法隆寺総棟梁、西岡常一は1993年に永眠している。享年86才であった。

参考までに、西岡常一の志は弟子の小川三夫が受け継いでいる。新棟梁は古来からの教えを学ぶとともに、彼なりの新たな工夫を傾注しながら宮大工仕事で奮闘中である。

【著者の寸評】　高等教育機関での高い学歴経験はなくとも、人は世の中の有り様、工夫、精進次第で、高く、深い境地にたどり着けることを西岡常一総棟梁は我々に教えてくれた。とことん道に打ち込むと、書物で学ぶのと同等、あるいはそれ以上の域に到達できることを西岡常一や奈良の宮大工達は身をもって示していてくれている。これは尊く、すばらしいことである。何時の世であっても、事をとことん突きつめ、とことん打ち込むことは事業に立ち向かうリーダー、関係者には具備していてほしい要件である。

日本にはかって、いろいろな分野にこうした人、匠が数多(あまた)いた。彼らは仕事において職分を全うしていた。そして、すばらしい製品や作品を残してくれた。日本の方々で今も、彼らの優れた仕事の跡を散見できる。しかし、そのほとんどは作者の名前は残っていません。

【参考資料】・西岡常一（1988)、『木に学べ 法隆寺・薬師寺の美』、1－283頁、小学館。

○　理想的なリーダー
（３）徳川慶勝とその弟たち

・美濃高須松平家

徳川家康は自分が勝ち取った将軍の家の永続を願って、息子たちを祖とする家々、御三家を設けた。皆さんもよくご存知の尾張、紀州、水戸の三徳川家のことである。彼は江戸の徳川宗家においてしかるべき世継ぎがいなくなった時には御三家の内で世継ぎを探すようにと定めた。具体的には、尾張家または紀州家から探すようにした。

家康の取り決めにより、分家筋から始めて将軍となったのが紀州の吉宗である。八代将軍となった吉宗は子ども達のために一橋、田安の二つの家、なお、残る一つの家、清水家は吉宗の孫が祖である。合わせて御三卿と呼ぶようになった。これ以降、吉宗の御三卿の家が家康の御三家に変わって、宗家だけでなく、諸大名家の世継ぎ問題にも関わるように変わっていったのである。

ここで、話は御三家筆頭の尾張徳川家に移る。尾張徳川家には美濃の国、高須（現海津市）に飛び地の領地があった。二代藩主、光友(みつとも)はこの地に三万石の分家、松平家を立てた。この分家は以降、高須松平家（以降、高須家と略記）と呼ばれた。高須家は本家、尾張家に世継ぎがいなくなった時に当てにされる家になったのである。

尾張家では吉宗治世以降四度、高須家に声をかけなくてはならない状況、すなわち跡目不在に直面したが、どの折も江戸の宗家の横槍が入った。その都度、尾張家は屈して御三卿の血筋を養子として受け入れたので、高須家などの尾張徳川家ゆかりの家々の出番はなかった。また、尾張家には吉宗と政策面で張り合った藩主、宗春がいた。八代将軍、吉宗は宗春を咎(とが)め、蟄居、隠居させた。そして彼に対する処罰はこれだけでなく、その死後も、九代家重将軍は世にも珍しい

“墓を鉄の金網で包め”との屈辱を科した。以降、尾張家が御三家筆頭として真に頼られ、遇されることはなかった。

・高須松平家の兄弟たち

19 世紀初めになって高須松平家にやっと出番が巡ってきていた。時の当主、義建は水戸家より斉昭の妹、規姫を正室として迎えていた。そして、義建は生室、側室合わせて十人の男子に恵まれた。兄弟のうち、長生きして活躍できたのは次男の慶勝、五男の茂栄、六男の容保、八男の定敬、十男の義勇であった。以下では、他家へ養子に入った慶勝、茂栄、容保、定敬の四兄弟に絞って話を進めてゆく。

なお、義勇は実家である高須の家を継いだ。他にも、三男の武威がいたが、石見の国、松平家に養子に入り、その直後、頓死している。加えて、高須兄弟は斉昭の子で、一橋家へ養子入り後に 15 代将軍となった慶喜とは母方の従兄弟関係にあった。よって、慶喜の出世につれ、兄弟たちは幕末の大渦に巻き込まれていった。

高須兄弟はいずれも優秀であったので、生家よりも格上の大名家へ養子に入って家と地位を手に入れていった。そして、動乱の幕末から明治初頭にかけて足跡を残した。

最初に登場するのは慶勝である。慶勝は高須家の長男が夭逝した折も生家を継がなかった。彼は元来、才知に恵まれ、人命尊重、自主独立を大事にした人でした。特に“人命尊重”は彼の人生を語るキーワードであった。兄弟の中で最も見識に優れていた彼は 26 才で尾張家当主になった。この後、水戸の徳川斉昭、福井の松平慶永、薩摩の島津斉彬などと幕政改革を目論んでいた矢先、時の大老、井伊直弼による安政の大獄の対象にされ、藩主引退、蟄居を命じられた。なお、空席となった尾張藩主の座を継いだのが五男、茂栄 (改名して茂徳) でした。

慶勝は逼塞していた間、日本に伝来間もなかった写真に注目し、撮影、現像に熱中した。このため、彼には写真の殿様との異称がある。逼塞から約６年後、第一次長州征討の総大将として西進した折も写真機を陣中に持参し、写真を撮りながら戦(いくさ)の落し所を探していた話は有名である。

話は少しさかのぼるが、安政の大獄から２年後、井伊直弼が桜田門外で誅されると、慶勝は赦された。彼は茂徳と話し合いの場をもった。そして、茂徳を隠居させ、実子、義宣(よしのぶ)を新たな尾張藩主に据え、その後見人として藩政を取り戻した。尾張藩の藩財政の改善と藩内派閥（金鉄組とふいご党）の融和に努めた。

第一次長州征討では、宗家から押しつけられた征討軍総大将ではあったが、慶勝は見事に働いた。ゆるゆると廣島まで進軍する間に、長州藩の三名の家老の切腹と数名の藩士の処断で事を治めてしまった。この仕置きは無駄な血を流さない、開国後の日本の国内や近海をうろつき始めた西欧諸国につけ込む隙を見せない、鎖国で遅れてしまった日本を急ぎ建て直さなくてはならないなど考えての、慶勝熟慮の末の処断でした。彼のこの時の考え方や姿勢はこの後も一貫しており、その都度、成果を挙げている。

慶勝が長州征討で名古屋を留守にしていた間に金鉄組（尊皇派）とふいご党（佐幕派）の確執は抜き差しならない局面を迎えていた。彼は帰国後、一気呵成に処断した。佐幕派のふいご党を捨て、藩士 14 名を斬罪に処したのだ。これが尾張名古屋における青松葉事件の結末である。彼はこの事件によって藩論を尊皇派で統一した。いわば、挙国一致の体制ができあがったのである。なお、彼は青松葉事件を生涯忘れなかったという。家臣に対する苦渋の末の、辛い決断を行ったからである。

倒幕軍（官軍）東進の折、藩を一つにまとめていた慶勝は自信を持って英断を下した。すなわち、官軍の尾張領通過を許したのだ。そして尾張藩は以降、官軍として行動している。さらに、東海道と中山道沿いの国持ち大名や旗本に対し、抗戦回避を説得してもいる。無駄な血を流さない、戦いを長引かせて西欧諸国につけ込ませないなどの思いが、周りの人々をも突き動かした。彼の尽力によって東海道、中仙道の両道を進軍した官軍は一度も戦うことなく、江戸入りしている。血は一滴も流れなかったのだ。彼はすでに、宗家よりも日本という国の明日を見据えて行動していたのである。この結果、慶勝によって幕末の日本は救われた。彼は日本と日本人を救った大恩人でもあるのだ。

明治の世になると、慶勝は何故か、第一線を退いてしまった。ただ、弟たちのためには働いている。動乱期、立ち位置が違ったがために幾度も気を揉ませた弟たち、容保と定敬の助命嘆願のために奔走している。彼は嘆願達成と引き替えに、明治新政府での立身、栄達を捨てたと、著者は推察するのである。事実、長州藩の温存、官軍の無血進軍などの功績は明治の英傑の誰とも遜色ないものであった。彼は立身出世は望みのままになりえた傑物であったから、彼の引き際が一段と目立つのである。

慶勝は晩年、名古屋城などを写して趣味、写真を楽しんでいる。そして、多くの写真を残している。また、彼は弟たちと交流を大切にした。兄弟ならではの忌憚（きたん）のない交わりが続けられたという。彼は明治初年、北海道へ渡った旧藩士たちの暮らしの安定、向上にまでこまごまと気遣っている。明治16年没、享年は60才であった。

次は高須家五男、茂栄である。兄、慶勝の後を継いで尾張藩々主となり、茂徳を名乗っていた。人の良すぎる茂徳は、兄、慶勝に諭されて藩主の座をおりた。茂徳は紆余曲折の後、一橋家の当主におさまった。この件でも兄慶勝は応援し、尽力している。

茂徳の一橋家入りについでに一言述べておく。この件は永年煮え湯を飲まされ続けてきた尾張徳川家からみれば、宗家、御三卿の家にやっと一本取り返したという快事であった。これ以降、名門の家の当主となった茂徳は兄や弟たちを助けることが多かったという。朝敵となった二人の弟の助命嘆願では特段に奔走し、尽力している。特に、定敬の助命嘆願活動では大変苦労した。明治 17 年没、享年は 54 才であった。

六男、容保である。彼は兄、慶勝の尾張家入りよりも少し前に、将軍家第一を標榜し、「会津家訓」や「什の掟」で有名な武門の家、会津松平家に養子として入った。高須兄弟の中で今日、世人に最も名が知られているのは容保かもしれない。確かに、まだ若かった彼は幕末、滅び行く幕府側における偉大で、悲運の英雄の一人でした。幕府が新たに設けた京都守護職を拝命した時から苦労は始まった。

幕末の京都の治安維持、朝廷・倒幕派との駆け引き、新撰組との関わり、戊辰戦争での敗北、会津での敗北等々、どれも会津の容保無しでは語れない事件である。彼は何時も傾き始めた徳川宗家を支え続けた悲運の人でした。彼は晩年、日光東照宮の宮司を死ぬまで務めている。彼は生涯、宗家に関わっていたのだ。明治 26 年没、享年 59 才であった。

最後は八男の定敬である。彼も、徳川家康の異母弟、松平定勝流れの名門、桑名松平家に婿入した。19 才を迎えた彼に京都所司代の重職が巡ってきた。兄、容保とともに京都の治安維持に務めた。兄弟力を合わせて懸命に尽力したが、若すぎ、経験不足であった彼らは時代の大きな流れには抗すべきもなかった。鳥羽伏見の戦いで朝敵となった定敬には厳しい咎めが待っていた。

慶喜とともに大阪から江戸へ逃げ帰った定敬を待っていたのは登城禁止、謹慎、そして江戸退去の仕置きでした。彼は小数の家臣とともに藩の飛び領地のあった新潟へ向かった。ここで体制を整え、転戦しながら会津へ入った。会津では志が同じ兄とともに奮戦した。彼はその後も函館へと転戦した。彼は外国船に助けられ、函館を脱出して上海を訪れた。その後、横浜に回航した時に逮捕された。彼の処罰は兄たちの助命嘆願の甲斐あって、伊勢の国、藤堂家への永預かり処分と軽いものになった。なお、定敬も晩年は兄、容保同様に、日光東照宮の宮司在職中に逝去している。明治 41 年没、享年 63 才であった。

【著者の寸評】　我々は高須兄弟の生涯からいろいろなことが学べる。若い時には学問や武道に努める、相応しい身分や立場を得るように努める、その身分で精一杯働く、尊敬できる人物を自分の近くにもつなどである。ちなみに、彼らの場合、尊敬できる人は兄の慶勝であった。高須兄弟各々は多くの試練や経験をくぐり抜けたので、人間味を深め、そして余裕を手にした。彼らは兄弟であったがゆえに、結束が強く、まとまりがよかった。

こんな兄弟たちであれば、事の途中で様々な問題が起きても、結局は、信頼がおけて、実行力のあるリーダー、慶勝のような指導者を中心に理解しあい、まとまれることを著者は知ったのである。したがって、こんなグループが事業に立ち向えば、その成就は間違いないとも著者は確信しているのである。

【参考資料】・奥山景布子（2019)、『葵の残葉』、１－347 頁、文藝春秋。

○ HOW DARE YOU !!

・スウェーデン少女の真心の叫び

スウェーデンの 16 才の少女、グレタ・トゥンベリは 2019 年 9 月 23 日、国連本部（ニューヨーク）で開催された国連気候サミットに出席して演説した。翌 24 日の中日新聞（名古屋）の夕刊に掲載された彼女の演説全文（日本語訳）をまず披露する。

「よくもそんなことができますね!!」

私たちはあなたたちを注意深く見ている。これこそが私のメッセージだ。

こんなことは、全くの間違いだ。私は（本来ならば）ここに立っているべきではない。私は海の反対側で学校に戻っているべきなのだ。それなのにあなたたちは、私たち若者のところに希望を求めてやってくる。(そんなことが）よくできるものだ。あなたたちは空っぽの言葉で、私の夢と子どもの時代を奪い去った。でも、私は運が良い方だ。

人々は苦しみ、死にかけ、生態系全体が崩壊しかけている。私たちは絶滅に差し掛かっているのに、あなたたちが話すのは金のことと、永遠の経済成長というおとぎ話だけ。何ということだ。

過去三十年以上、科学は極めて明瞭であった。目をそむけ続け、必要な政策も解決策も見当たらないのに、ここに来て「君は十分にやっている」なんてよくも言えるものだ。あなたたちは私たちの声を聞き、緊急性を理解したという。でも、どれだけ悲しみと怒りを感じようとも、私はそれを信じたくはない。なぜなら、もし本当に状況を理解し、それでも座視し続けているとしたら、あなたたちは悪だからだ。そんなことを信じられない。

十年間で（温室効果ガスの）排出量を半減するというよくある考え方では、（気温上昇を）1.5 度に抑えられる可能性は 50％しかなく、人類が制御できない不可逆的な連鎖反応を引き起こす恐れがあるのだ。

あなたたちは 50％で満足かもしれない。でも、この数字は、あなたたちが空気中に出した何千億トンもの二酸化炭素を、私たちの世代が、（現時点では）まだ存在していない技術で吸収することを当てにしている。だから、50％の危険性は私たち、若者には単に受け入れられないというだけではない。私たちはその結果と共に生きてゆかなくてはならないからだ。

地球の気温上昇を 1.5 度に抑える確率を 67％にするには、気候変動に関する政府間パネル（IPCC）の最善の見立てでは、2018 年 1 月 1 日時点で世界に残されていた二酸化炭素排出許容量は 4,200 億トンであった。現在では 3,500 億トン下回っている。よくも従来通りの取り組みと技術的な解決策で、何とかなるなんて装うことができたものだ。現状の排出レベルでは、残されたＣＯ^{2} 排出許容量は八年半ももたずに到達してしまう。

現在、これらの数字に沿って作られた解決策や計画は全くない。なぜなら、これらの数字は都合が悪すぎるからだ。そして、あなたたちはまだ、このようなことを口にできるほど成熟していない。

あなたたちには失望した。しかし、若者たちはあなたたちの裏切り行為に気づき始めている。全ての未来世代の目はあなたたちに注がれている。あなたたちが私たちを失望させるような選択をすれば、私たちは決して許さない。あなたたちを逃がさない。

まさに今、私たちはここで一線を引く。世界は目を覚ましつつある。変化が訪れようとしている。あなたたちが好むと好まざるにかかわらず……。

グレタ嬢は言葉を飾って演説してはいません。若者らしく、心の丈を余すところなく吐露している。演説文を読んでみて、すがすがしく感じたのは老骨だけでありましょうか。彼女のような若者たち、いずこの国の若者たちも既存の観念、雑念にとらわれることはありません。若者たちは大きな可能性をひめている。老いた著者には彼女のような若者、純真な彼らがまぶしく、うらやましいのである。

若者の秘めている無限の可能性と言えば、著者は次のような歴史上の事例を思い起こす。現在のギリシャにあたるマケドニアの国王の子として生まれたアレキサンダーは20歳にして起った。幼くして部族長である父親を殺されたジンギスカンは苦労の末、27歳で部族を束ねる長(おさ)となり、一層の飛躍を図った。加えて、我国の織田信長である。彼は17歳で尾張国内の小大名にすぎなかった父親、信秀の跡を継ぎ、日本統一を目論んだ。三人はいずれも若くして大業成就に向けて偉大な歩みを開始している。

三人の先人に共通する点は、親から受け継いだものはさほど大きくはなかった。彼らはまた、若くて経験に乏しかったが、それぞれの知恵、才覚、若さ、そして情熱でもって、覇業達成に向けてひたむきに努力し、邁進したのである。著者はこうした若者たちが秘めている能力と純真無垢さとを高く評価したいのである。地球とその住民たちの明日の安心を託したいと老骨は結論するにいたった。

【著者の寸評】　温暖化の改善、地球環境の浄化（廃棄物や排泄物の除去、無毒化）などの事業では、世界の若人たちを先頭に立て、押し進めることが最善の策であると著者は考えるにいたった。彼らは如何なる国の出身であっても、「拒否権発動」などと言って事の進行に水をさすようなことはしないでしょう。

若人たちは事業について、その内容を理解し、納得しさえすれば、その後は事に対し、ひたむきに立ち向かってゆくと著者は推察する。若者に大事を託してみるのも時には必要である。ひたむきに前に進む若者に対し、面と向かって自我を主張する年寄り、特に、政治家や経済人はいないと著者は信じたいのである。若者以外は皆、支援者、応援者に徹して事の成就を助けてゆけたらよいと考えている。皆さんは如何にお考えでしょうか。

【参考資料】・9月 24 日夕刊号、(2019)『トウンベリさんの演説詳報』、中日新聞社（名古屋）。

あ　と　が　き

著者は令和元年6月 15 日に『病める地球の救世主　多彩な植物』を上梓した。この直後から、この著作だけでは著者の思いや願いを披露しきれていないとの思いが吹き出し、それは時とともに募ってきた。そこで、新たな著作を構想した。この間、筆者はさらに老いただけでなく、突然、宣告された難病と闘うことにもなった。しかし、多くの皆様のご鞭撻もあって、ようやく原稿をまとめあげ、続編『病める地球最善の救世主は植物　植物を介助する人には問題が』を脱稿できた。まずもって、関係の皆様方に深謝申し上げます。

皆さんは、サクラの花は入学式を彩るものとして認識されてきたと思いますが、昨今では卒業式を彩るように変わってしまった。サクラに限らず、春の花々が咲き急ぎ、散り急ぐのが当たり前のことになった。また、フヨウやキョウチクトウが 10 月末になっても花を咲かせている、サクラが年に二度も花を咲かせる（返り咲きと専門家は呼ぶ）など、地球温暖化が進んでも、余所へ逃げ出せない植物たちは苦しみ、必死にもがいている。何も言わないで、必死に堪え忍んでいる植物たちが不憫で、いじらしいと著者は思う。

植物たちの苦悩は、地球温暖化によって年間を通して気温が上がったことが第一の原因である。冬は全般的に暖かくなり、期間が短くなったこと、対する夏は一段と暑くなり、期間が長くなったこと、そして、二つの季節の狭間にある春と秋は共に存在感がなくなったことが植物を通して窺い知れる。いずれにしても、植物たちをこのように生きにくくしたのは地球温暖化であることは間違いありません。

前著や本著の“はじめに”においても述べているが、著者は植物を学び、植物からいろいろ教わり、考えさせられてきた。植物の多彩で偉大な能力を知り、その一端を実際にかいま見てもきた。そして、著者は植物について知れば、知るほどに、植物こそは今後も、地球とその住人たち、特に人の永続にとって最大の救い主となる生き物だと確信するに至った。一方で、地球環境の悪化は留まるところを知りません。人は地球環境の修復のために、また、地球と自身の健全な明日のために、植物に頼り、助けを乞わねばなりません。

人はこの瞬間も、地球の衣と言ってよい森、林、そして草地から植物を無造作にはぎ取ったり、焼き払ったりしている。さらに地球環境を損ない、負荷をかけ続けてもいる。温暖化はこのような人に対する、地球の痛烈なしっぺ返しである。痛めつけられた地球の呻きが最近の熱波攻撃や巨大台風の頻発・襲来などの気象異変である。

こうした現状を分かっておりながら人は今も、自分たちに都合の良い場とするため森林や海洋を痛めつけたり、汚し続けている。このすざましさは驚くべき規模になっており、森林だけでも、ここ数百年の間に森林を四分の一ほどに激減させてしまった。

また、森林破壊とは無縁であるかのようにみられている北米大陸も、コロンブスの時代以前には生産性（二酸化炭素固定能）の高い植物で広く被われていた。この地も 500 年ほどの間に、“牧野の開発”との号令の下に、森林を潰してきた。貴重な森林を犠牲にして国造り、農場・牧場造りが行われてきたのである。森林破壊はアマゾンだけのことではありません。世界各地で古くから始まっていたのである。人はこの点をよく認識しておかねばなりません。

著者がさらに言い添えておきたい点は人口増加の問題である。最近、この人口に関するニュースが飛び込んできた。中国が一人っ子政策を放棄すると言い出したのだ。政策変更理由であるが、このまま一人っ子政策を続けていると、この国の人口構成上、高齢者がますます増える、すると、拡大・生長政策を維持できないと言いだしたのである。国民の二極化を黙認、助長し、健全な生長を忘れた国が言いだしたのである。笑止千万、著者は笑いを禁ぜざるを得ません。泉下のマルクスも笑っているに違いありません。

人口は近々、100億に達することは間違いない。巨大な人口を抱え、この小さな地球上でどの国も右肩上がりの生長を目論んでいるのだ。この一方で、貧富の差を解消できていない国ばかりである。発展著しい科学研究の成果を傾注してもなし得ないことである。しかし、多くの国の為政者はいまだに自国本位、身勝手のままであり、生長・拡大路線に固執している。すこし冷静になって考えれば、分かりそうなことであるが、若くても、精神面で年老いた考え方しかできない専政主義者、経済人が仕切っている今の地球には明るい明日は考えられません。

著者が本著の第4章で述べているように、病んでいる地球の修復を考える上での唯一の望みは若者たちである。従来の有り様を必ずしも是としない、純で力に溢れた若者たちの行動力に期待するしかないと著者は考えるようになった。これが地球修復事業問題を考究して得た著者の結論である。事実、インドネシアでも今、若いメラティ・ウイゼン嬢がプラスチックごみ逓減・除去活動で大きな実績を積んでいる。凛乎さと真摯さは若者の特質であって尊い。若者のやる気は力であることを彼女の活動が教えてくれる。

話がまとまり、地球環境の修復・改善に若者たちの力と熱意に賭け、頼れるようになったとしても最早、時間的な余裕はありません。即刻、活動を開始しなくてはなりません。なお、この活動では、大人たちには賢明な理解と沈黙が必要である。地球の修復事業はここ10年の間が勝負になろう。“人だけが自滅すれば、地球は数百年を待たずして回復、復元する”などとの研究・提言があるが、これを現実のものとしてはいけない。この場合は子や孫のほとんどの死を意味しているからである。

地球の緑の再生、復元に向けた人の取り組みは当然、簡単なことではありません。しかし、人は地球とその住人たちに対する償いの意味からも、やり遂げねばなりません。話がくどくなったが、今世紀末の地球が、地球自身と住人たち、そして、これらに依存するわれらが子孫にも住み良く、心地よい星にもどってほしいと老骨は切に願っている。

アインシュタインの言葉であったと記憶しているが、“悪い行いをする者が世界を滅ぼすのではない、それを見ているだけで何もしない者が世界を滅ぼすのだ”を最後に引用し、こぞって地球の修復に臨み、取り組んでゆきたいものである。特に、事を理解していない為政者、議員たちを選出しないこと、修復事業の邪魔をさせないことの二点こそが何よりも大切である。地球人、一人一人の行動、選挙行動が問われるこの先10年間でもある。

最後に今一度、執筆者の思いや意向をご理解頂き、鼓舞、激励していただき、出版に導いていただいた株式会社22世紀アートの社長、向田翔一さん、並びに斉藤孝之さんに対し、衷心よりお礼申し上げます。

2021年　水無月、

西に伊吹山、東北に御嶽山を望む濃尾平野にて

大橋　英雄

著者略歴プロフィール

大橋　英雄　（おおはし　ひでお）

現在、愛知県一宮市在住。1944（昭和 19）年生まれ。愛知県出身。
愛知県立一宮高等学校卒業。岐阜大学大学院農学研究科（修士課程）修了。
農学博士（九州大学）。
1968 年４月岐阜大学助手（農学部）採用。以降、講師、助教授を経て 1989 年教授昇任。
2009 年３月岐阜大学（応用生物科学部）を定年退職、同時に岐阜大学名誉教授。
1986～７年カナダ国ブリテシュコロンビア大学理学部並びに米国バージニア州立大学林学・野生資源学部に留学。
専門は植物細胞成分利用学、特に植物抽出成分の化学および生理化学的研究。
主な著書『樹木抽出成分の利用』（分担）1991、日本木材学会刊、『木質分子生物学』（分担）1994、文永堂、『木材科学講座５環境』（分担）1995、海青社、『木材科学講座１概論』（分担）1998、海青社、『木の魅力』（共著）2010、海青社、『病める地球の救世主　多彩な植物』（単著）2019、文芸社など。

病める地球最善の救世主は植物
植物を介助する人には問題が

2023年9月30日発行

著　者　大橋英雄

発行者　向田翔一

発行所　株式会社 22 世紀アート
〒103-0007
東京都中央区日本橋浜町 3-23-1-5F
電話　03-5941-9774
Email: info@22art.net　ホームページ : www.22art.net

発売元　株式会社日興企画
〒104-0032
東京都中央区八丁堀 4-11-10 第 2SS ビル 6F
電話　03-6262-8127
Email: support@nikko-kikaku.com
ホームページ : https://nikko-kikaku.com/

印刷
製本　株式会社 PUBFUN

ISBN : 978-4-88877-254-9